高等教育新工科信息技术课程系列教材

Access数据库应用与开发实验实训指导

贺爱香　吕　腾◎主　编
徐　梅　胡晓天◎副主编

中国铁道出版社有限公司
CHINA RAILWAY PUBLISHING HOUSE CO., LTD.

内 容 简 介

本书是与《Access 数据库应用与开发》配套的实验实训指导用书。全书分为三部分：第一部分为实验指导，实验内容突出 Access 数据库的实际应用和操作开发能力，每个实验提供操作指导，读者通过上机实验可以基本理解数据库原理，并掌握数据库操作开发能力；第二部分为考试指导，提供全国高等学校（安徽考区）计算机水平考试（二级 Access 数据库程序设计）教学（考试）大纲；第三部分为模拟题，提供六套适用于全国高等学校（安徽考区）计算机水平考试（二级 Access 数据库程序设计）的模拟试卷及单项选择题和编程题的参考答案。

本书实践性强，题型丰富，适合作为高校计算机等级考试 Access 数据库的实践指导书，也可作为相关专业学生学习 Access 数据库的辅助教材。

图书在版编目（CIP）数据

Access数据库应用与开发实验实训指导 / 贺爱香，吕腾主编. -- 北京 : 中国铁道出版社有限公司，2025. 2. --（高等教育新工科信息技术课程系列教材）.
ISBN 978-7-113-31785-0

Ⅰ. TP311.132.3

中国国家版本馆 CIP 数据核字第 2025WY8747 号

书　　名：Access 数据库应用与开发实验实训指导
作　　者：贺爱香　吕　腾

策　　划：汪　敏　刘梦珂　　　编辑部电话：（010）51873135
责任编辑：汪　敏　王占清
封面设计：郑春鹏
责任校对：安海燕
责任印制：赵星辰

出版发行：中国铁道出版社有限公司（100054，北京市西城区右安门西街 8 号）
网　　址：https://www.tdpress.com/51eds
印　　刷：天津嘉恒印务有限公司
版　　次：2025 年 2 月第 1 版　2025 年 2 月第 1 次印刷
开　　本：787 mm×1 092 mm　1/16　印张：6.25　字数：152 千
书　　号：ISBN 978-7-113-31785-0
定　　价：28.00 元

高等教育新工科信息技术课程系列教材
编审委员会

徐　勇	安徽财经大学
姚光顺	滁州学院
翟玉峰	中国铁道出版社有限公司
张继山	三联学院
张雪东	安徽财经大学
钟志水	铜陵学院
周鸣争	安徽信息工程学院

序

近年来，教育部积极推进、深化新工科建设，突出强调“交叉融合再出新”，推动现有工科交叉复合、工科与其他学科交叉融合，打造高等教育的新教改、新质量、新体系、新文化。作为新工科的信息技术课程，要快速适应这种教改需求，探索变革现有的信息技术课程体系，在课程改革中促进学科交叉融合，重构教学内容，推进各高校新工科信息技术课程建设，而教材等教学资源的建设是人才培养模式中的重要环节，也是人才培养的重要载体。

目前，国家对教材建设是越来越重视，2020年全国教材建设奖的设立，重在打造一批培根铸魂、启智增慧的精品教材，极大地提升了教材的地位，更是将教材建设推到了教育改革的浪尖潮头。2022年2月发布的《教育部高等教育司关于印发2022年工作要点的通知》中，启动“十四五”普通高等教育本科国家级规划教材建设是教育部的一项重要工作。安徽省高等学校计算机教育研究会和中国铁道出版社有限公司共同策划组织“高等教育新工科信息技术课程系列教材”，并联合一批省内外专家成立“高等教育新工科信息技术课程系列教材编审委员会”，依托高等学校、相关企事业单位的特色和优势，调动高水平教师、企业专家参与，整合学校、企事业单位的教材与教学资源，充分发挥课程、教材建设在提高人才培养质量中的重要作用，集中力量打造与我国高等教育高质量发展需求相匹配、内容形式创新、教学效果好的教学体系教材。这套教材在组织编写思路上遵循了高校的教育教学理念，包括以下四个方面：

1. 在价值塑造上做到铸魂育人

党的二十大报告指出：“教育是国之大计、党之大计。培养什么人、怎样培养人、为谁培养人是教育的根本问题。育人的根本在于立德。”

本套教材聚焦创新素养、工匠精神与家国情怀的养成，把政治认同、国家意识、文化自信、人格养成等思想政治教育导向与各类信息技术课程固有的知识、技能传授有机融合，实现显性与隐性教育的有机结合，促进学生的全面发展。应用马克思主义立场观点方法，提高学生正确认识问题、分析问题和解决问题的能力。强化学生工程伦理教育，培养学生精益求精的大国工匠精神，激发学生科技报国的家国情怀和使命担当。

2. 坚持“学生为中心”和“目标为导向”的理念

新工科建设要求必须树立以学生为中心、目标为导向的理念，并贯穿于人才培养的全过程。这一理念强调针对学生既定的培养目标和未来发展，要求相关教育教学活动均要结合学生的个性特征、兴趣爱好和学习潜力合理设计和开展。相应地，计算机教材的出版也不应再局限于传统的知识传输方式和学科逻辑结构，应将知识成果化的传统理念转换为以学生和学习者为中心、坚持目标导向和问题导向相结合的出版理念。

3. 提供基于教材生命全周期的教学资源服务支持

立足于计算机类教材的生命全周期，从新工科的信息技术课程教学需求出发，策划和管理从立意引领到推广改进的教材产品全流程。将策划前期服务、教材建设中的平台服务、研究以 MOOC+SPOOC 为代表的新的教学模式、建设具有配套的数字化资源，以及利用新技术进行的新媒体融合等所有环节进行一体化设计，提供完整的教学资源链服务。

4. 在教材编写与教学实践上做到高度统一与协同

教材的作者大都是教学与科研并重，更是具有教学研究情怀的教学一线实践者，因此，所设计的教学过程创新教学环境，实践教学改革，能够将教育理念、教学方法糅合在教材中。教材编写组开展了深入研究和多校协同建设，采用更大的样本做教改探索，有效支持了研究的科学性和资源的覆盖面，因而必将被更多的一线教师所接受。

本套教材构建更加注重多元、注重社会和科技发展等带来的影响，以更加开放的心态和步伐不断更新，以高等工程教育理论指导信息技术课程教材的建设和改革，不断适应智能技术和信息技术日新月异的变化，其内容前瞻、体系灵活、资源丰富，是一套符合新工科建设要求的好教材，真正达到新工科的建设目标。

2022 年 10 月

前　言

数据库基础知识是当今大学生信息素养的重要组成部分，数据库应用课程是高等学校一门重要的计算机基础课程，不仅普及数据管理知识和数据库操作技术，还涉及面向对象编程基础。

在物联网和人工智能技术迅速发展、程序设计能力培养已经深入基础教育的今天，数据库应用课程中的程序开发技能显得尤为重要。

本书是与《Access 数据库应用与开发》配套的实验实训指导用书，主要内容包括数据库的设计与创建、表的设计与创建、查询的设计与创建、窗体的设计与创建、报表的设计与创建、宏的设计与创建、模块与 VBA 程序设计，此外，还提供了考试指导和六套模拟试卷及其单项选择题和编程题的参考答案，以便学习者巩固所学知识。

全书主要由三部分内容构成，内容安排如下：

第一部分为实验指导，实验内容突出 Access 数据库的实际应用和操作开发能力，每个实验提供操作指导，读者通过上机实验可以基本理解数据库原理，并掌握数据库操作开发能力。

第二部分为考试指导，提供全国高等学校（安徽考区）计算机水平考试（二级 Access 数据库程序设计）教学（考试）大纲。

第三部分为模拟题，提供六套适用于全国高等学校（安徽考区）计算机水平考试（二级 Access 数据库程序设计）的模拟试卷及单项选择题和编程题的参考答案。

本书实践性强，题型丰富，适合作为全国高等学校（安徽考区）计算机水平考试（二级 Access 数据库程序设计）的实践指导书，也可作为相关专业学生学习 Access 数据库的辅助教材。本书提供丰富的配套资源，包括实验指导的数据库文件及资源、模拟题的数据库文件及资源，可以到中国铁道出版社教育资源数字平台 https://www.tdpress.com/51eds 下载。

本书由贺爱香、吕腾任主编，徐梅、胡晓天任副主编，项目一、四由吕腾编写，项目二、三以及第二部分和第三部分由贺爱香编写，项目五、六由徐梅编写，项目七由胡晓天编写。在编写过程中，感谢郑妮院长、万家华副院长、刘磊副院长给予的支持和帮助，同时，感谢中国铁道出版社有限公司在本书策划、编辑和出版过程中给予的大力支持。

由于编者水平有限和时间仓促，书中难免存在不妥之处，敬请广大读者批评指正。编者邮箱为 heaixiang@axhu.edu.cn。

编　者

2024年12月

目　录

第一部分　实验指导

第二部分　考试指导

第三部分　模拟题及部分参考答案

第一部分

实验指导

项目一 教务管理系统数据库的设计与创建

实验1 Access 2016的启动和退出

一、实验目的

1. 掌握启动和退出Access 2016系统的常用方法。
2. 熟悉Access 2016操作环境。

二、实验任务

1. 启动Access 2016。
2. 退出Access 2016。

三、操作指导

实验1.1 启动Access 2016

1. 实验内容

启动Access 2016的三种方法。

2. 操作步骤

（1）在Windows 10桌面左下角单击“开始”按钮，选择程序菜单中的“Microsoft Access 2016”选项。

（2）先在Windows桌面建立Access 2016的快捷方式，然后双击相应的快捷方式图标。

（3）利用Access 2016数据库文件并关联启动Access 2016，即双击任何一个Access 2016数据库文件，以启动Access 2016并进入Access 2016主窗口。

实验1.2 退出Access 2016

1. 实验内容

退出Access 2016的四种方法。

2. 操作步骤

（1）单击Access 2016窗口右上角的“关闭”按钮。

（2）双击Access 2016窗口左上角的控制菜单，或单击左上角控制菜单图标，从打开的控制菜单中选择“关闭”命令。

（3）右击Access 2016窗口标题栏，在打开的控制菜单中选择“关闭”命令。

（4）按组合键【Alt+F4】。

实验2 创建数据库

一、实验目的

掌握Access 2016数据库的创建方法。

二、实验任务

创建空白数据库。

三、操作指导

1. 实验内容

在“D:\Access”目录下创建一个空白的Access 2016数据库，命名为“教务管理系统.accdb”，并设置该数据库“关闭时压缩”。

2. 操作步骤

（1）启动Access 2016，单击“空白桌面数据库”图标按钮。

（2）在“空白桌面数据库”对话框“文件名”文本框输入“教务管理系统”，并确定保存路径，如图1.1所示。

（3）单击“创建”按钮。

（4）单击“文件”选项卡后，再单击“选项”命令。

（5）在弹出的“Access选项”对话框中，选择左侧列表中的“当前数据库”选项，在选项中勾选“关闭时压缩”复选框，单击“确定”按钮后，提示“必须关闭并重新打开当前数据库，指定选项才能生效”对话框，单击“确定”按钮。

（6）选择“文件”选项卡中的“关闭”命令，关闭数据库。

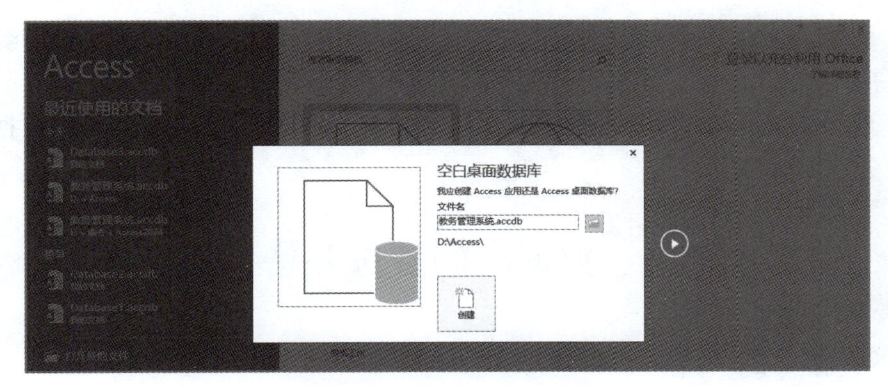

图 1.1 创建空白数据库界面

实验3　数据库的打开和关闭

一、实验目的

掌握打开和关闭Access 2016数据库的方法。

二、实验任务

1. 打开Access 2016数据库。
2. 关闭Access 2016数据库。

三、操作指导

1. 实验内容

打开在“D:\Access”目录下创建的空白Access 2016数据库“教务管理系统.accdb”。

2. 操作步骤

（1）启动Access 2016。

（2）单击“打开其他文件”选项，进入图1.2所示的界面。

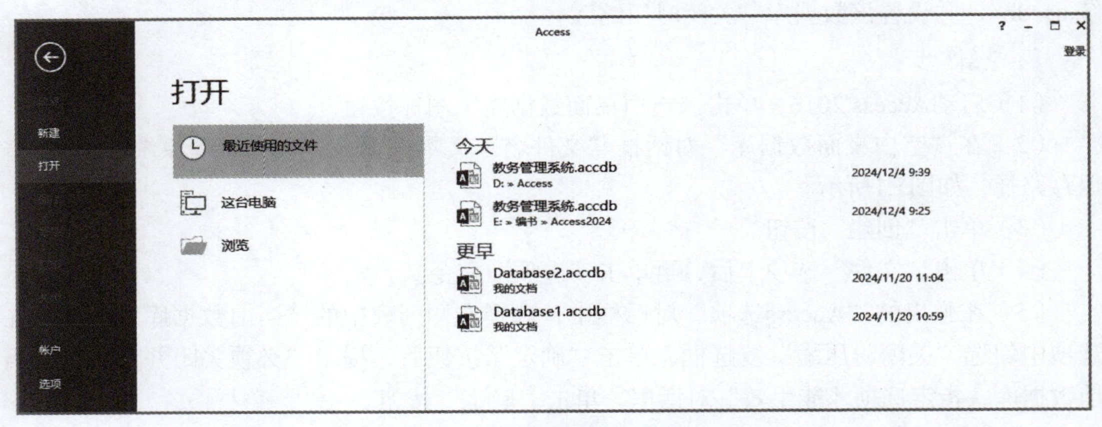

图 1.2　打开数据库界面

（3）单击“浏览”命令，弹出“打开”对话框，选择“D:\Access\教务管理系统”，并单击“打开”按钮。

（4）再次单击“文件”选项卡中的“关闭”命令，即可关闭当前打开的数据库“D:\Access\教务管理系统”。

实验4　数据库的备份和密码设置

一、实验目的

1. 掌握Access 2016数据库的备份方法。
2. 掌握Access 2016数据库的密码设置方法。

二、实验任务

1. 备份Access 2016数据库。
2. 设置Access 2016数据库的密码。

三、操作指导

实验4.1 备份Access 2016数据库

1. 实验内容

对在“D:\Access”目录下创建的空白Access 2016数据库“教务管理系统”进行备份。

2. 操作步骤

（1）打开“教务管理系统”数据库。

（2）选择“文件”选项卡中的“另存为”命令。

（3）在“另存为”窗格的“文件类型”下选择“数据库另存为”选项，如图1.3所示。默认文件名包含源数据库以及备份发生的时间。

（4）在“另存为”对话框中单击“保存”按钮，即可完成备份。

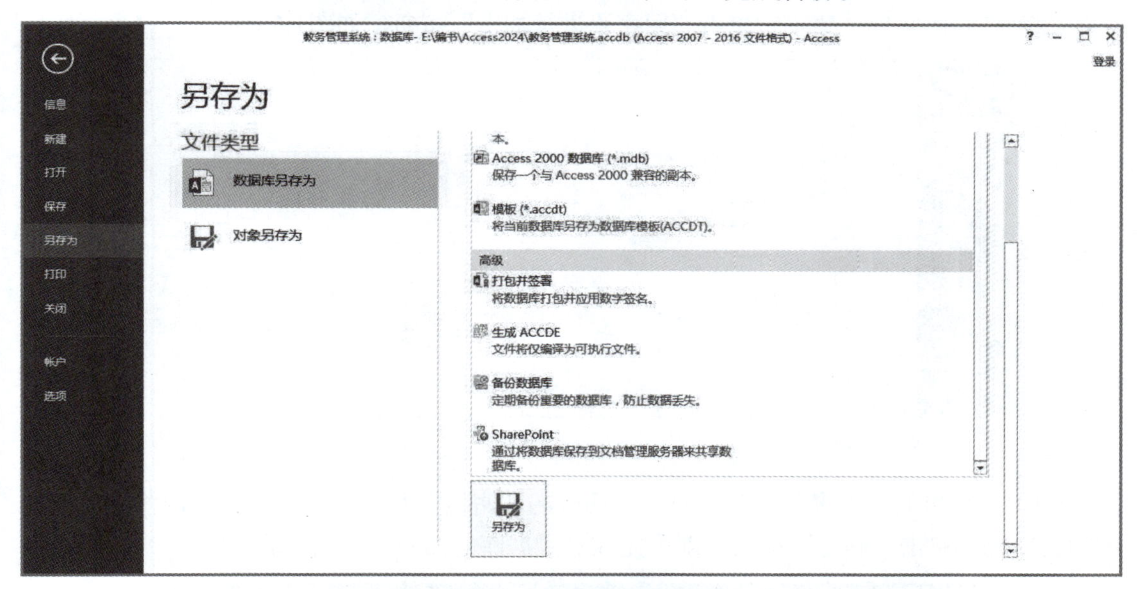

图 1.3　备份数据库界面

实验4.2 设置Access 2016数据库的密码

1. 实验内容

对在“D:\Access”目录下创建的空白Access 2016数据库“教务管理系统”设置密码。

2. 操作步骤

（1）启动Access 2016，打开“教务管理系统”数据库时，在“打开”对话框中，单击“打开”按钮旁边的下拉按钮，选择“独占方式打开”命令，如图1.4所示。

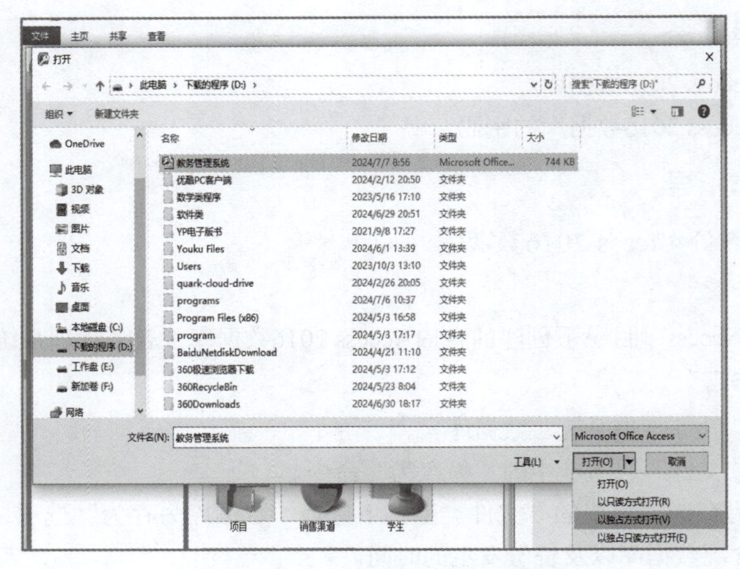

图 1.4 以独占方式打开数据库

（2）打开“文件”菜单，单击“用密码进行加密”按钮，如图1.5所示。

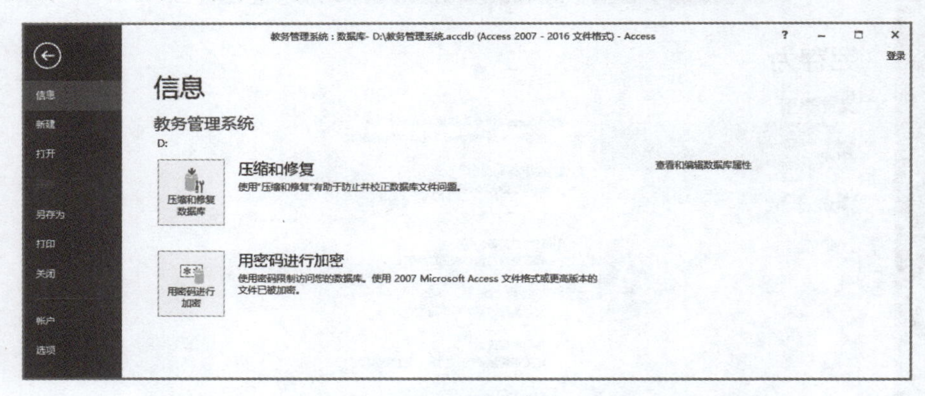

图 1.5 “用密码进行加密”数据库

（3）在弹出的“设置数据库密码”对话框的“密码”和“验证”文本框内输入要设置的加密密码，单击“确定”按钮，即可完成对数据库的加密，如图1.6所示。

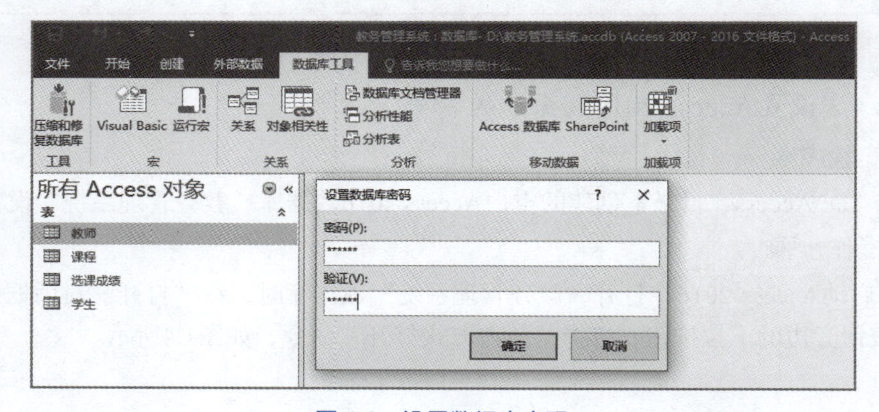

图 1.6 设置数据库密码

实验5　Access 2016帮助的使用

一、实验目的

1．了解Access 2016的常用操作方法和帮助信息的使用。

2．熟悉Access 2016操作环境。

二、实验任务

1．设置Access 2016选项。

2．查阅常用函数的帮助信息。

三、操作指导

实验5.1 设置Access 2016操作环境

1．实验内容

设置Access 2016应用程序的默认文件格式为“Access 2007-2016”、默认数据库文件夹为“D:\Access”，添加快速访问工具栏“新建”按钮。

2．操作步骤

（1）启动Access 2016。

（2）单击“文件”选项卡后，再单击“选项”命令。

（3）在弹出的“Access选项”对话框中，选择左侧列表中的“常规”选项，设置结果如图1.7所示。

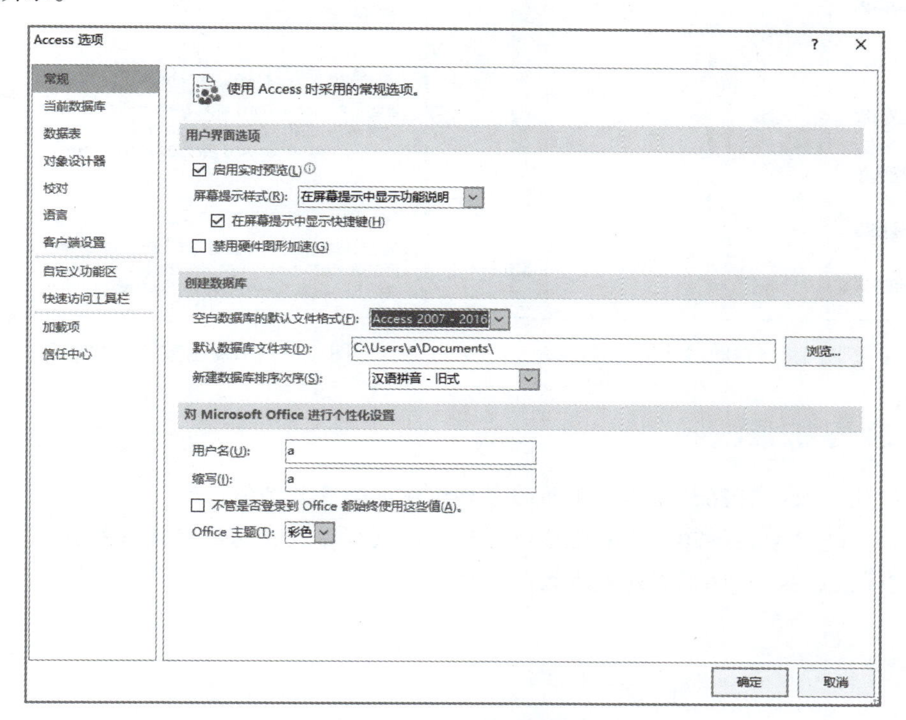

图 1.7　Access 常规选项界面

（4）选择“快速访问工具栏”选项，在左侧列表中单击“新建”按钮，然后单击“添加”按钮。也可以在列表中双击该命令实现添加或删除。完成后单击“确定”按钮关闭“Access选项”对话框，以使新的Access选项生效。

实验5.2 查阅常用函数的帮助信息

1. 实验内容

按【F1】键或单击功能区右侧的“帮助”按钮来获取Date、Day、Month、Now等函数的帮助信息，从中了解和掌握这些函数的功能。

2. 操作步骤

（1）打开数据库“教务管理系统”。

（2）按下【F1】键，打开图1.8所示的帮助对话框。

（3）在搜索文本框中输入“Date”后回车，则会搜索到图1.9所示的帮助信息。

（4）依次在搜索文本框中输入其他函数，了解函数功能。

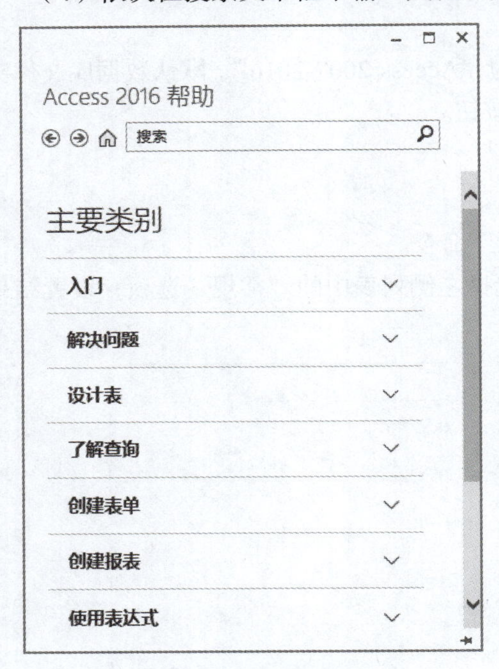

图 1.8　帮助对话框

图 1.9　Date 函数的帮助信息

练习与拓展

1. 简述Access 2016数据库主界面的主要组成部分及其功能。
2. 如何通过Access 2016导航窗格打开现有的数据库表并切换到数据表视图？
3. 查阅Access 2016“创建表达式”的帮助信息。

项目二 表的设计与创建

实验1　创　建　表

一、实验目的

1. 掌握表的创建方法，重点掌握设计视图创建方法。
2. 掌握在表的设计视图中完成各种数据类型和属性的设置。

二、实验任务

1. 用设计视图创建新表。
2. 设计表结构。
3. 设置主键。
4. 保存并命名。
5. 在表中输入记录。

三、操作指导

1. 实验内容

打开“教务管理系统”数据库，按以下要求完成操作：

（1）使用设计视图建立“班级信息”表，表的结构见表2-1。

表 2-1　“班级信息”表的结构

字 段 名	数据类型	字段长度	备　注
班级编号	短文本	8	主键
年级	短文本	4	
班级名称	短文本	30	
班级简称	短文本	10	
人数	数字	整型	
班主任	短文本	8	

（2）分别设置“班级编号”字段为主键，并保存表。

（3）切换到数据表视图，在表中输入记录，记录数据见表2-2。

表 2-2 “班级信息”表记录数据

班级编号	年　　级	班级名称	班级简称	人　　数	班 主 任
20240101	2024	2024 级会计学 1 班	会计学 1 班	42	贺丽君
20240102	2024	2024 级会计学 2 班	会计学 2 班	41	王美丽
20240103	2024	2024 级会计学 3 班	会计学 3 班	41	刘娟
20240104	2024	2024 级财务管理 1 班	财管 1 班	40	赵明
20240105	2024	2024 级财务管理 2 班	财管 2 班	38	郭金
20240106	2024	2024 级财务管理 3 班	财管 3 班	43	徐晓
20240107	2024	2024 级计算机科学与技术 1 班	计科 1 班	48	李三丰
20240108	2024	2024 级计算机科学与技术 2 班	计科 2 班	50	胡小微
20240109	2024	2024 级计算机科学与技术 3 班	计科 3 班	49	吴薇薇

2. 操作步骤

（1）用设计视图创建新表。打开数据库“教务管理系统”，选择“创建”选项卡，单击“表设计”按钮，就会生成一张新表。

（2）设计表结构。在表的设计视图里，输入字段名，并选择对应的数据类型。

（3）设置主键。在表的设计视图里，选中“班级编号”字段右击，在快捷菜单中选择“主键”命令，就会在“班级编号”字段左侧出现钥匙图案，如图2.1所示。

（4）保存并命名。单击左上方的▣按钮，将表命名为“班级信息”。

（5）在表中输入记录。把表切换到数据表视图，逐条录入班级信息，最后保存。

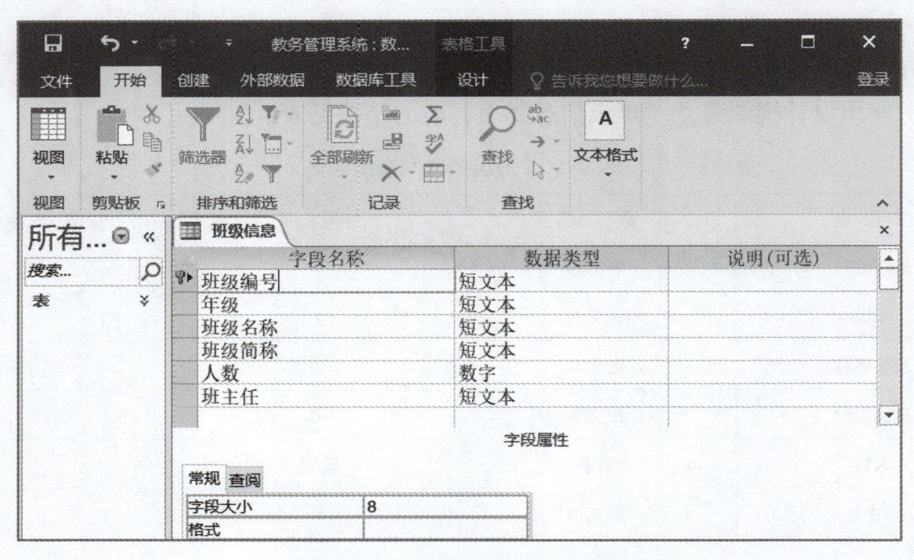

图 2.1 “班级信息”表的创建

实验2　导　入　表

一、实验目的

1．掌握导入外部数据方式创建表方法。

2．掌握在表的设计视图中完成各种数据类型和属性的设置。

二、实验任务

1．导入Excel表。

2．在数据库中，打开每张表的设计视图，设置主键，然后为字段选择对应的数据类型和格式。

三、操作指导

1．实验内容

打开数据库“教务管理系统”，按以下要求完成操作。

（1）分别将“学生信息.xlsx”“课程信息.xlsx”“选课表.xlsx”“成绩表.xlsx”“课程表.xlsx”这五张Excel表格导入到数据库中。

（2）按照表2-3～表2-7的表结构分别设置以上五张表的主键和字段的数据类型。

表 2-3　“学生信息”表的结构

字段名	数据类型	字段长度	备　注
学号	短文本	11	主键
姓名	短文本	8	
班级编号	短文本	8	
性别	短文本	1	
年级	短文本	4	
政治面貌	短文本	8	
民族	短文本	12	
身份证号	短文本	18	
出生日期	日期 / 时间	系统默认	

表 2-4　“课程信息”表的结构

字段名	数据类型	字段长度	备　注
课程编号	数字	长整型	主键
课程名称	短文本	30	
课程简称	短文本	14	
拼音码	短文本	14	

续表

字 段 名	数据类型	字段长度	备 注
本学期课程	是 / 否		
教师	短文本	8	
开课系别	短文本	20	
学分	数字	整型	
上课时间天	数字	整型	
上课时间节	数字	整型	
上课地点	短文本	30	

表 2-5 “选课”表的结构

字 段 名	数据类型	字段长度	备 注
编号	自动编号	长整型	主键
学号	短文本	11	
课程编号	数字	长整型	
课程名称	短文本	30	
课程简称	短文本	14	
拼音码	短文本	14	
本学期课程	是 / 否		
上课时间天	数字	整型	
上课时间节	数字	整型	
上课地点	短文本	30	
教师	短文本	8	
开课系别	短文本	20	
学分	数字	整型	

表 2-6 “成绩”表的结构

字 段 名	数据类型	字段长度	备 注
成绩编号	自动编号	长整型	主键
学号	短文本	11	
课程编号	数字	长整型	
成绩	数字	整型	

表 2-7 “课程”表的结构

字段名	数据类型	字段长度	备　注
编号	自动编号	长整型	主键
课程编号	数字	长整型	
上课时间天	数字	整型	
上课时间节	数字	整型	
上课地点	短文本	30	

2. 操作步骤

（1）导入Excel表。打开数据库“教务管理系统”，选择“外部数据”选项卡，在“导入并链接”功能区中单击Excel按钮，弹出“获取外部数据-Excel电子表格”对话框，单击“浏览”按钮，选择需要导入的“学生信息.xlsx”，单击“打开”按钮，返回到该对话框，选择“将数据导入当前数据库的新表中”单选按钮，并单击“确定”按钮，弹出“导入数据表向导”对话框，勾选“第一行包含列标题”复选框，设置“学号”为主键，在“导入到表”文本框中输入“学生信息”。

（2）按照以上步骤把其他的表导入到数据库中。

（3）在数据库中，打开每张表的设计视图，设置主键，然后为字段选择对应的数据类型和格式。

实验 3　设置字段属性

一、实验目的

掌握在表的设计视图中完成各种数据类型和属性的设置。

二、实验任务

1. 设置输入掩码。
2. 设置字段大小。
3. 设置验证规则。
4. 设置验证规则和验证文本。
5. 设置默认值。

三、操作指导

1. 实验内容

打开数据库“教务管理系统”，按以下要求完成操作。

（1）设置“学生信息”表的“身份证号”字段，数据固定由18个字符组成，第1到17个字符是数字，第18个字符可以是数字或字母。

（2）设置“学生信息”表的“姓名”字段，最多输入10个字符。

（3）设置“学生信息”表的“性别”字段，只能输入“男”或者“女”。

（4）设置“学生信息”表的“出生日期”字段，日期只能输入1990年及之后的时间，如果输入的时间在1990年之前，则提示“出生日期只能在1990年1月1日及之后”。

（5）设置“学生信息”表的“民族”字段，默认值是“汉族”。

2. 操作步骤

（1）设置输入掩码。把“学生信息”表的“身份证号”字段的“输入掩码”属性设置为00000000000000000A。设置后数据库会自动在“身份证号”字段加上下划线“_”占位符。

（2）设置字段大小。把“学生信息”表的“姓名”字段的“字段大小”属性设置为10。

（3）设置验证规则。把“学生信息”表的“性别”字段的“验证规则”设为“男” or “女”。

（4）设置验证规则和验证文本。把“学生信息”表的“出生日期”字段的“验证规则”设置为>=#1990-01-01#，验证文本设为出生日期只能在1990年1月1日及之后。

（5）设置默认值。把“学生信息”表的“民族”字段的“默认值”属性设置为“汉族”。

实验4　编辑与操作表

一、实验目的

掌握表的基本编辑和操作，包括表字段的编辑和表记录的操作。

二、实验任务

1. 增加字段。
2. 导出表。
3. 移动字段位置。
4. 查找和替换数据。

三、操作指导

1. 实验内容

打开数据库“教务管理系统”，按以下要求完成操作。

（1）为“学生信息”表新增一个字段，命名为“年龄”，数据类型设置为“计算”。并使得该字段的值符合公式：年龄=Year(Date( ))-Year([出生日期])。

（2）把修改后的“学生信息”表以Excel格式导出到桌面上。

（3）把“班级信息”表中的“年级”字段和“班级名称”字段互换位置。

（4）把“课程信息”表中的“开课系别”字段里所有的“系”替换为“学院”。

2. 操作步骤

（1）增加字段。打开“学生信息”表的设计视图，增加“实发工资”字段，选择数据类型是“计算”，在弹出的“表达式生成器”对话框内输入公式Year(Date( ))-Year([出生日期])，保存并切换到数据表视图。

（2）导出表。在导航窗格处，右击“学生信息”表，在快捷菜单中选择“导出”命令，在弹出的对话框中选择Excel格式。

（3）移动字段位置。打开“班级信息”表的数据表视图，利用鼠标左键把“年级”字段拖动到“班级名称”字段的后面。

（4）查找和替换数据。打开“课程信息”表的数据表视图，选中“部门电话”整个字段，选择“替换”命令，在“查找内容”框输入“系”，在“替换为”框输入“学院”，查找范围选择“当前字段”，匹配选择“字段任何部分”，单击“全部替换”按钮。

实验5　建立表间关系

一、实验目的

1. 深入理解表间关系的含义，掌握表间关系的建立方法，学会子数据表的插入。
2. 深入理解参照完整性的含义，掌握参照完整性的设置，并理解级联更新和级联删除功能。

二、实验任务

1. 建立表间关系。
2. 插入子数据表。
3. 设置参照完整性。

三、操作指导

1. 实验内容

打开数据库“教务管理系统”，按以下要求完成操作。

（1）在数据库“教务管理系统”中，利用“数据库工具”选项卡中的“关系”按钮，为“班级信息”“学生信息 ”“课程信息”“成绩表”这四张表建立关系。表间关系如图2.2所示。

（2）基于表间关系，通过“学生信息”表查看每个学生的成绩情况。

（3）为“学生信息”表和“成绩表”的关系建立参照完整性；为“课程信息”表和“成绩表”的关系建立参照完整性；为“班级信息”表和“学生信息”表的关系建立参照完整性。

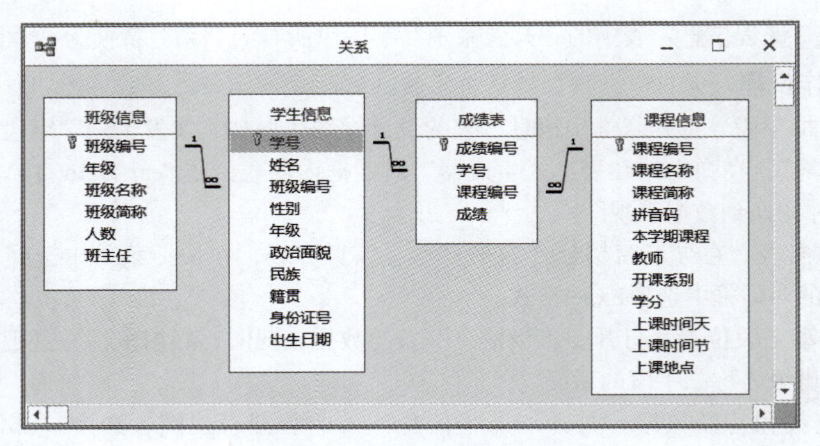

图 2.2 关系窗口中各表关系

（4）尝试删除"学生信息"表中的第一条记录，是否能删除成功？原因是什么？如果必须要删除"学生信息"表中的第一条记录，该如何设置？

（5）尝试修改"学生信息"表中的"学号"，是否能修改成功？原因是什么？如果必须要修改"学生信息"表中的"学号"，该如何设置？

2. 操作步骤

（1）建立表间关系。打开数据库"教务管理系统"，选择"数据库工具"选项卡，单击"关系"按钮，弹出"关系"窗口，把四张表添加进去并调整表的位置，通过两表的主键和外键建立关系。

（2）插入子数据表。打开"学生信息"表的数据表视图，单击记录左边的加号，弹出"插入子数据表"对话框，如图2.3所示，在"表"选项卡列表框中选择"成绩表"选项，就能看到该条记录的成绩信息，如图2.4所示。

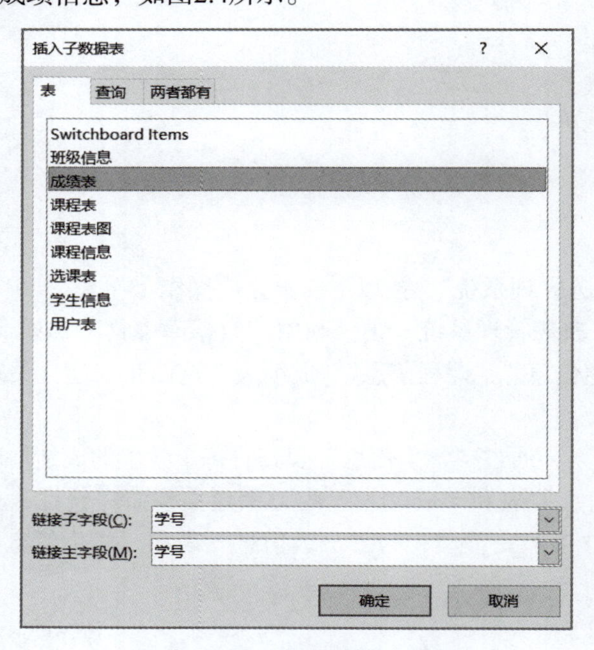

图 2.3 "插入子数据表"对话框

学生信息

学号	姓名	班级编号	性别	年级	政治面貌	民族	籍贯	
20180000001	白小露	20180101	女	2018	团员	汉族	四川	34082619

成绩编号	课程编号	成绩	单击以添加
53	2	89	
56	1	67	
57	5	70	
58	7	87	
59	10	88	
64	9	83	
(新建)	0	0	

学号	姓名	班级编号	性别	年级	政治面貌	民族	籍贯	
20180000002	白小革	20180101	女	2018	团员	回族	陕西	34082619
20180000003	史诗侠	20180101	女	2018	党员	汉族	河北	34010420

图 2.4　插入子表数据

（3）建立参照完整性。打开数据库“教务管理系统”，进入“关系”窗口，编辑“学生信息”表和“成绩表”的表间关系，对准两表间的连线双击，弹出“编辑关系”对话框，勾选“实施参照完整性”复选框。

（4）用同样的方法为“学生信息”表和“班级信息”表的表间关系设置参照完整性。

（5）无法删除“学生信息”表中的第一条记录，因为基于前面建立的参照完整性，“成绩表”和“学生信息”表中有该学生信息的相关数据。如果必须要删除“学生信息”表中的第一条记录，需要把“学生信息”表和“成绩表”的表间关系的“级联删除相关记录”复选框勾选，还要把“学生信息”表和“班级信息”表的表间关系的“级联删除相关记录”复选框勾选。

（6）无法修改“学生信息”表中的“学号”，因为基于前面建立的参照完整性，“成绩表”和“学生信息”表中有该学生信息的学号数据。如果必须要修改“学生信息”表中的“学号”，需要把“学生信息”表和“成绩表”的表间关系的“级联更新相关字段”复选框勾选，还要把“学生信息”表和“班级信息”表的表间关系的“级联更新相关字段”复选框勾选。设置效果如图2.5（a）、（b）所示。

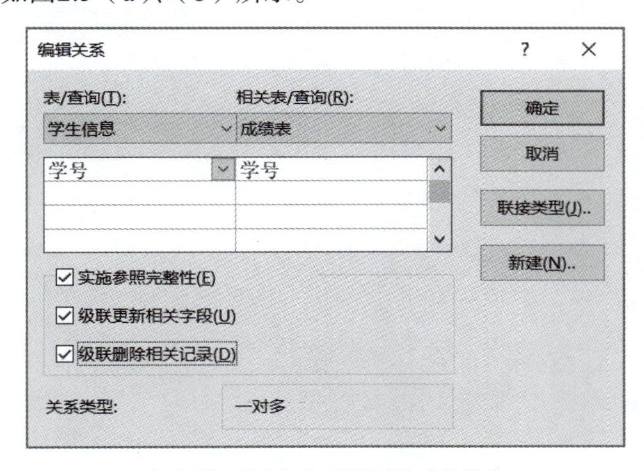

（a）“学生信息”和“成绩表”表的关系

图 2.5　设置表间关系的级联更新和级联删除

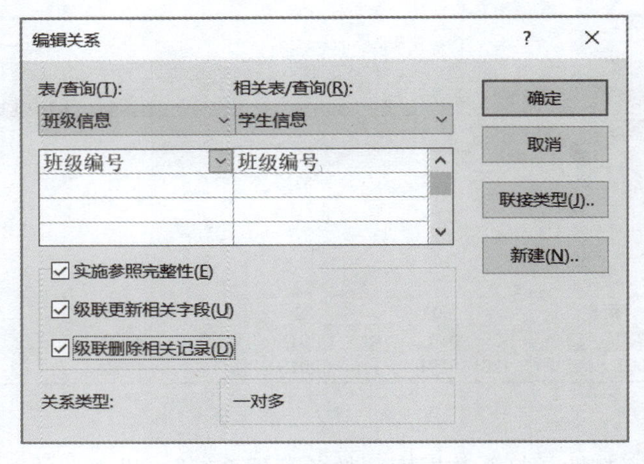

（b）“学生信息”和“班级信息”表的关系

图 2.5　设置表间关系的级联更新和级联删除（续）

练习与拓展

有一个Sample1.accdb数据库，包含“举办信息”表和“参赛成绩”表，如图2.6和图2.7所示。请按以下要求完成相关操作：

1. 在“举办信息”表中，将“举办背景”字段的数据类型修改为“长文本”；设置“队数”字段验证规则为0～32（含0和32），验证文本为“请输入0～32的整数！”。

2. 在“举办信息”表中，设置行高为16，字号为12；为21“届次”的“举办背景”添加内容“世界杯首次在俄罗斯举行，亦是世界杯首次在东欧国家举行”。

3. 在“举办信息”表中，按“队数”字段建立普通索引，索引名为idx_num，排序次序为降序。

4. 将“举办信息”表导出到考生文件夹中，并命名为“举办信息.xlsx”。

举办信息

届次	举办日期	举办国	队数	冠军	点球决胜	举办背景
01	1930年7月13日	乌拉圭	13	乌拉圭	No	1928年的奥运会结束,
02	1934年5月27日	意大利	16	意大利	No	由于第一届世界杯的
03	1938年6月4日	法国	15	意大利	No	1938年的世界杯恐怕
04	1950年6月24日	巴西	13	乌拉圭	No	世界杯又回到了南美
05	1954年6月16日	瑞士	16	联邦德国	No	马拉卡纳体育场的狂
06	1958年6月8日	瑞典	16	巴西	No	1958年，在瑞典，巴
07	1962年5月30日	智利	16	巴西	No	1962年，在智利安第
08	1966年6月11日	英格兰	16	英格兰	No	1966年，世界杯终于
09	1970年5月31日	墨西哥	16	巴西	No	规则的健全是1970年
10	1974年6月7日	联邦德国	16	联邦德国	No	在一场世纪之战中,
11	1978年6月1日	阿根廷	16	阿根廷	No	攻势足球成为本届杯
12	1982年6月11日	西班牙	24	意大利	No	在金童罗西的神奇表
13	1986年5月31日	墨西哥	24	阿根廷	No	一届属于名叫“马拉
14	1990年6月8日	意大利	24	联邦德国	No	重演了86年世界杯决
15	1994年6月17日	美国	24	巴西	Yes	首次由点球决定胜负
16	1998年6月10日	法国	32	法国	No	决赛中法国3-0战胜巴
17	2002年5月31日	韩国/日本	32	巴西	No	世界杯首次在亚洲举
18	2006年6月9日	德国	32	意大利	Yes	这届杯赛非常重视防
19	2010年6月12日	南非	32	西班牙	No	世界杯首次在南非举
20	2014年6月12日	巴西	32	德国	No	2014年巴西世界杯（

图 2.6　“举办信息”表

5. 通过相关字段建立“举办信息”表与“参赛成绩”表之间的关系，同时实施参照完整性并实现级联删除相关字段。

参赛成绩

届次	参赛队	成绩
01	阿根廷	亚军
01	巴拉圭	
01	巴西	
01	比利时	
01	玻利维亚	
01	法国	
01	罗马尼亚	
01	美国	四强
01	秘鲁	
01	墨西哥	
01	南斯拉夫	四强
01	乌拉圭	冠军
01	智利	
02	阿根廷	
02	埃及	
02	奥地利	四强
02	巴西	
02	比利时	
02	法国	
02	荷兰	
02	捷克斯洛伐克	亚军
02	联邦德国	四强

图 2.7　“参赛成绩”表

项目三 查询的设计与创建

实验1 使用向导创建查询

一、实验目的

掌握使用查询向导创建简单选择查询。

二、实验任务

使用查询向导创建简单选择查询。

三、操作指导

1. 实验内容

使用“简单查询向导”，将数据库“教务管理系统”中的表“学生信息”“成绩表”作为数据源，创建“学生成绩”查询。

2. 操作步骤

（1）打开数据库“教务管理系统”。

（2）在“教务管理系统”数据库窗口中，选择“创建”选项卡。

（3）在“查询”组中，单击“查询向导”按钮，进入“新建查询”对话框。

（4）选择“简单查询向导”选项，单击“确定”按钮，进入“简单查询向导”对话框。

（5）在“简单查询向导”对话框中，选择数据源表“学生信息”，再选择表中可用的字段“学号”和“姓名”。

（6）再在该对话框选择数据源表“成绩表”，在可用字段列表中选择“课程编号”和“成绩”字段。

（7）单击“下一步”按钮，进入“简单查询向导”对话框，确定查询采用明细查询还是汇总查询，当前选择默认的明细查询方式。

（8）单击“下一步”按钮，进入“指定查询标题”对话框，当前指定为“学生成绩”，其他选项默认。

（9）单击“完成”按钮，结束查询的创建，结果如图3.1所示。从查询结果可以看到每个学生的姓名、学号、课程编号及成绩的信息。

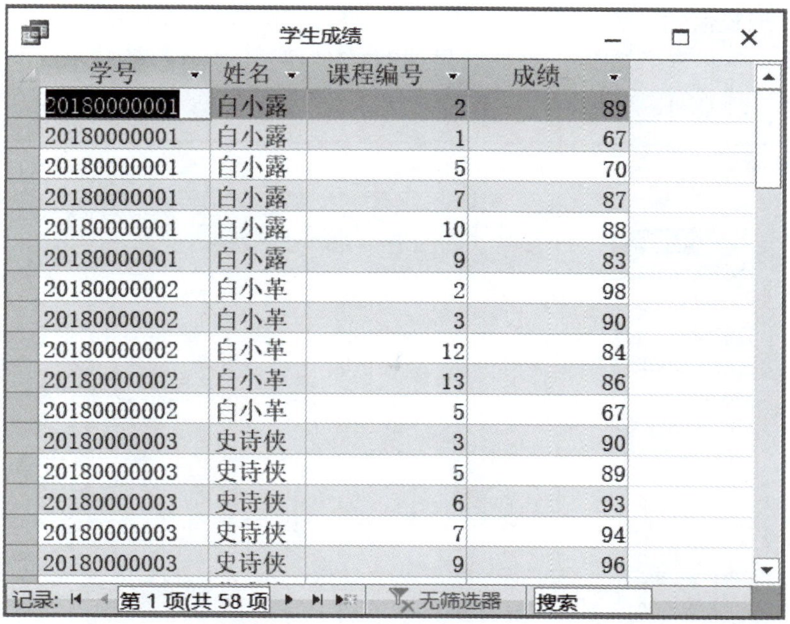

学生成绩

学号	姓名	课程编号	成绩
20180000001	白小露	2	89
20180000001	白小露	1	67
20180000001	白小露	5	70
20180000001	白小露	7	87
20180000001	白小露	10	88
20180000001	白小露	9	83
20180000002	白小革	2	98
20180000002	白小革	3	90
20180000002	白小革	12	84
20180000002	白小革	13	86
20180000002	白小革	5	67
20180000003	史诗侠	3	90
20180000003	史诗侠	5	89
20180000003	史诗侠	6	93
20180000003	史诗侠	7	94
20180000003	史诗侠	9	96

记录: 第 1 项(共 58 项 无筛选器 搜索

图 3.1 “学生成绩”查询结果

实验 2 使用查询设计创建查询

一、实验目的

1. 掌握选择查询的设计方法，能够使用设计视图完成多种查询方式。

2. 能够使用设计视图完成参数查询设计。

3. 掌握交叉表查询的设计。

4. 掌握操作查询的设计方法，能够使用设计视图完成生成表查询、追加查询、更新查询和删除查询的设计。

二、实验任务

1. 创建选择查询。

2. 创建参数查询。

3. 创建交叉表查询。

4. 创建操作查询。

三、操作指导

实验2.1 创建选择查询

1. 实验内容

打开数据库“教务管理系统”，按以下要求完成操作。

（1）以“班级信息”表和“学生信息”表为数据源，使用设计视图创建一个名为“学生所在班级查询”的选择查询，查询结果如图3.2所示。（注意：随着不同时期数据变化，查询结果数据有所差别，下同。）

学生所在班级查询

学号	姓名	性别	班级名称
20180000001	白小露	女	2018级会计学1班
20180000002	白小革	女	2018级会计学1班
20180000003	史诗侠	女	2018级会计学1班
20180000004	黄雅柏	男	2018级会计学1班
20180000005	谢丽秋	男	2018级会计学1班
20180000006	李柏麟	男	2018级会计学1班
20180000007	谢丽秋	男	2018级会计学1班
20180000008	林慧音	男	2018级会计学1班
20180000009	陈玉美	男	2018级会计学1班
20180000010	徐文彬	男	2018级会计学1班
20180000011	林彩瑜	男	2018级会计学1班
20180000012	李明组	男	2018级会计学1班
20180000013	张大林	男	2018级会计学1班
20180000014	李四水	男	2018级会计学1班
20180000015	枯小丽	女	2018级会计学1班

记录：第 1 项(共 24 项　无筛选器　搜索

图 3.2 “学生所在班级查询”结果

（2）以“班级信息”表为数据源，使用设计视图创建一个名为“人数大于等于40的班级”的选择查询，查询结果如图3.3所示，其中人数按升序排列。

人数大于等于40的班级

班级编号	年级	班级名称	班级简称	人数	班主任
20180104	2018	2018级财务管理1班	财管1班	40	赵明
20180103	2018	2018级会计学3班	会计学3班	41	刘娟
20180102	2018	2018级会计学2班	会计学2班	41	王美丽
20180101	2018	2018级会计学1班	会计学1班	42	贺丽君
20180106	2018	2018级财务管理3班	财管3班	43	徐晓
20180107	2018	2018级计算机科学与技术1班	计科1班	48	李三丰
20180109	2018	2018级计算机科学与技术3班	计科3班	49	吴薇薇
20240102	2024	2024级会计学2班	会计学2班	50	贺爱香
20240101	2024	2024级会计学1班	会计学1班	50	贺爱香
20180108	2018	2018级计算机科学与技术2班	计科2班	50	胡小微
*				0	

记录：第 1 项(共 10 项　无筛选器　搜索

图 3.3 “人数大于等于 40 的班级”查询结果

（3）以“班级信息”表、“学生信息”表和“成绩表”为数据源，使用设计视图创建一个名为“按班级统计成绩”的选择查询，查询结果如图3.4所示。

（4）以“班级信息”“学生信息”“成绩表”为数据源，使用设计视图创建一个名为“统计班级选课人数”的选择查询，查询结果如图3.5所示。

按班级统计成绩

班级编号	班级名称	平均成绩	最高成绩	最低成绩
20180101	2018级会计学1班	80.8448275862069	98	56
20180102	2018级会计学2班	80	89	67

记录：第 1 项(共 2 项) 无筛选器 搜索

图 3.4 “按班级统计成绩”查询结果

统计班级选课人数

班级编号	班级名称	选课人数
20180101	2018级会计学1班	58
20180102	2018级会计学2班	6

记录：第 1 项(共 2 项) 无筛选器 搜索

图 3.5 “统计班级选课人数”查询结果

（5）以“学生信息”表数据源，使用设计视图创建一个名为“计算学生年龄”的选择查询，查询结果如图 3.6所示。其中“年龄”字段的计算公式为年龄=Year(Date())-Year([出生日期])。

计算学生年龄

学号	姓名	性别	年龄
20180000012	李明组	男	24
20180000013	张大林	男	24
20180000014	李四水	男	24
20180000015	枯小丽	女	24
20180000016	李鹏红	女	24
20180000017	白诗	女	23
20180000018	张李铁	男	25
20180000019	唐可可	男	24
20180000020	赵大要	男	25
20180000021	张曹加	男	24
20180000022	曹肤肝	男	24

记录：第 12 项(共 25 项) 无筛选器 搜索

图 3.6 “计算学生年龄”查询结果

2. 操作步骤

（1）“学生所在班级查询”的创建方法：选择“创建”选项卡，在“查询”组中单击“查询设计”按钮，添加“学生信息”和“班级信息”表后，在查询设计视图中，分别选择“学生信息”表中的“学号”“姓名”“性别”字段和“班级信息”表中的“班级名称”字段，保存查询命名为“学生所在班级查询”，设计视图如图3.7所示。

（2）“人数大于等于40的班级”查询的设计视图如图3.8所示。

（3）“按班级统计成绩”查询的设计视图如图3.9所示。

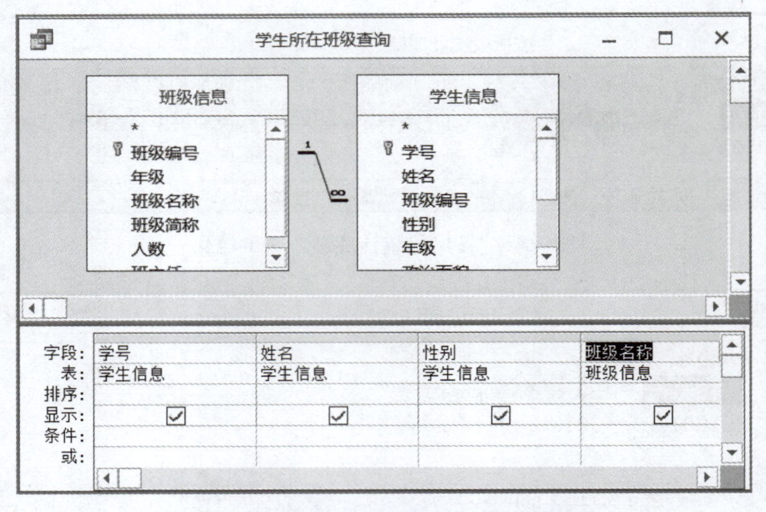

图 3.7 “学生所在班级查询”的设计视图

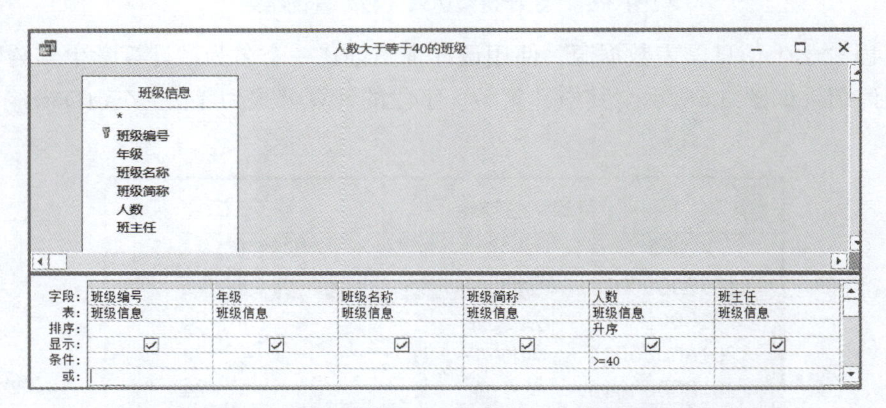

图 3.8 “人数大于等于 40 的班级”查询的设计视图

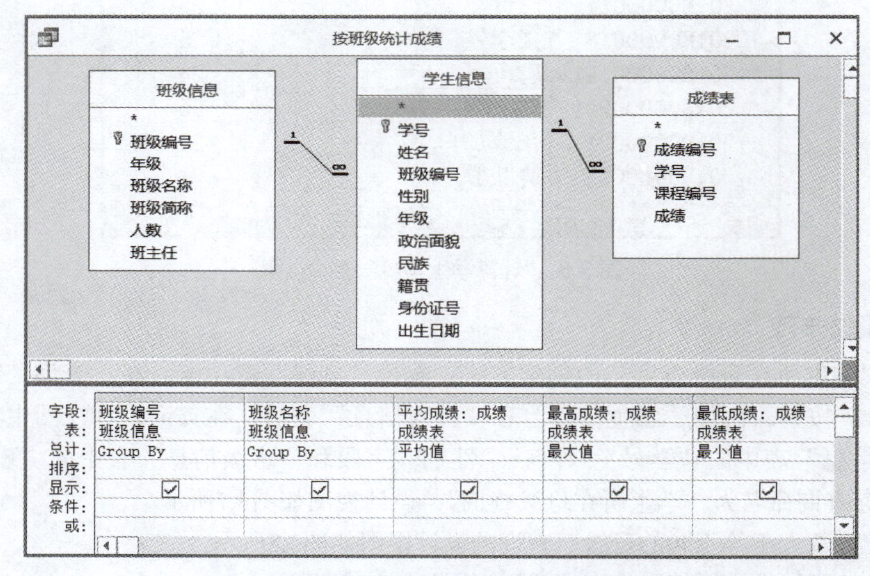

图 3.9 “按班级统计成绩”查询的设计视图

（4）“统计班级选课人数”查询的设计视图，如图3.10所示。

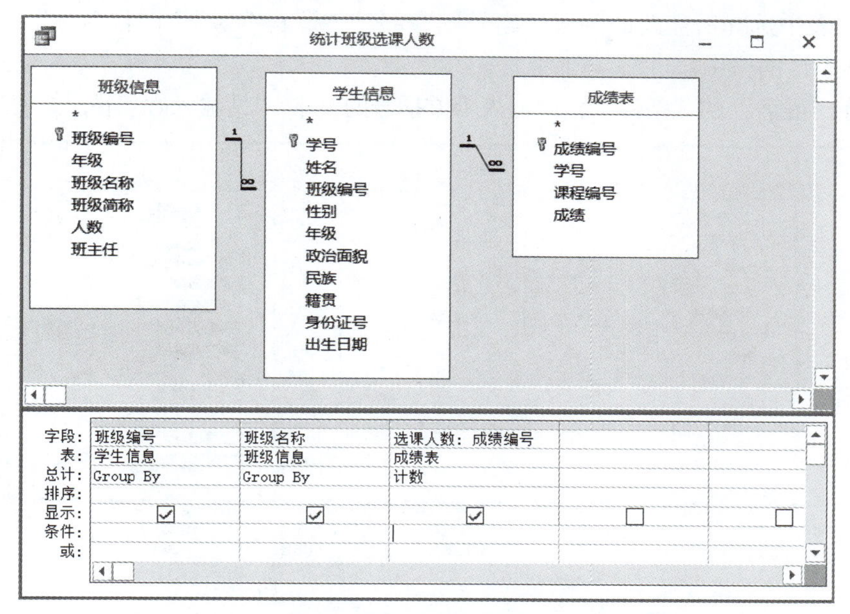

图 3.10 “统计班级选课人数”查询的设计视图

（5）“计算学生年龄”查询的设计视图，如图3.11所示。

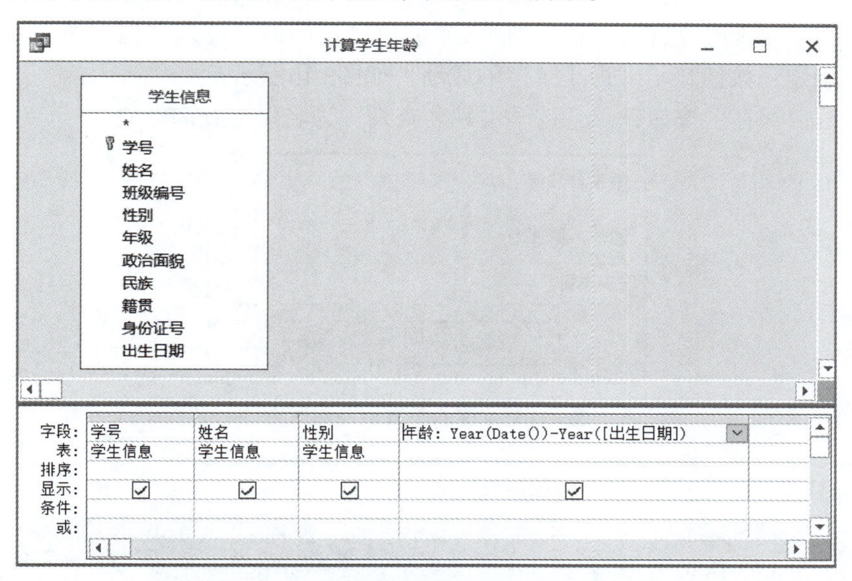

图 3.11 “计算学生年龄”查询的设计视图

实验2.2 创建参数查询

1. 实验内容

在“教务管理系统”数据库中建立一个按姓名查找学生成绩信息的参数查询。

2. 操作步骤

（1）选择“创建”选项卡在“查询”组中单击“查询设计”按钮，并在弹出的“显示表”

对话框中把“学生信息”、“课程信息”和“成绩表”三张表添加到“查询设计器”窗口中。

（2）从表中选择所需要的字段“学号”“姓名”“课程编号”“课程名称”“成绩”，将它们添加到设计网格中。

（3）在“姓名”的“条件”栏中输入带方括号的文本“[请输入姓名]”，如图3.12所示。

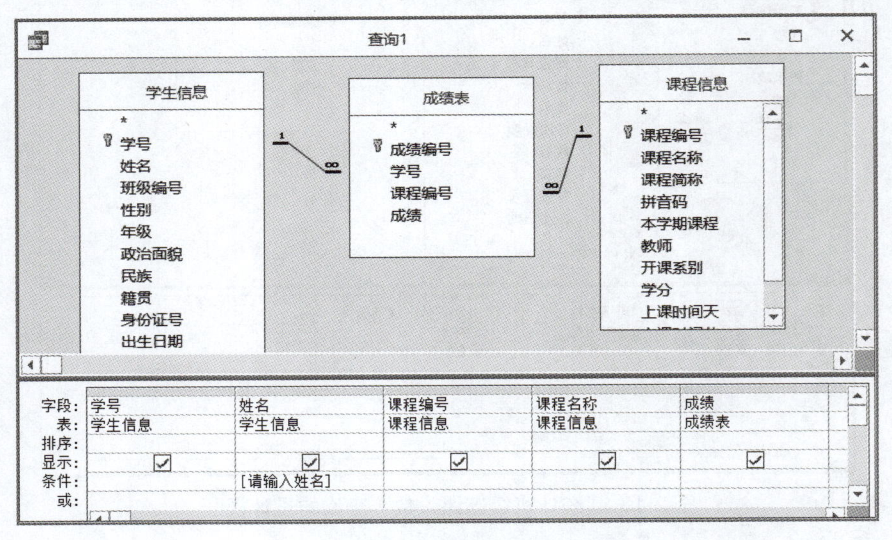

图 3.12　输入参数值

（4）单击“运行”按钮，打开“输入参数值”对话框，输入“白小革”，如图3.13所示，单击“确定”按钮显示“白小革”的成绩，如图3.14所示。

（5）单击“保存”按钮，以“按学生姓名查询”为名保存查询对象。

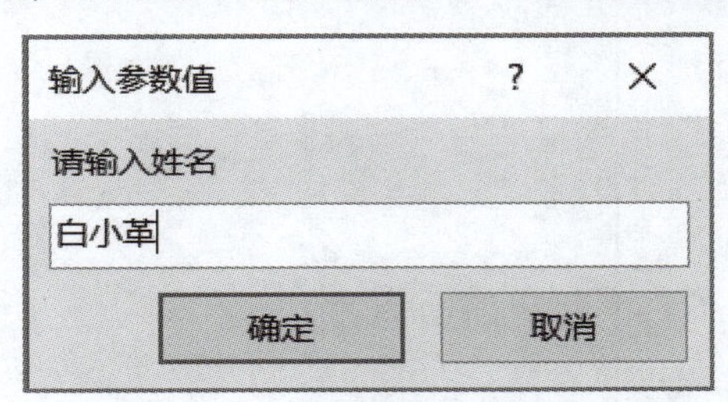

图 3.13　“输入参数值”对话框

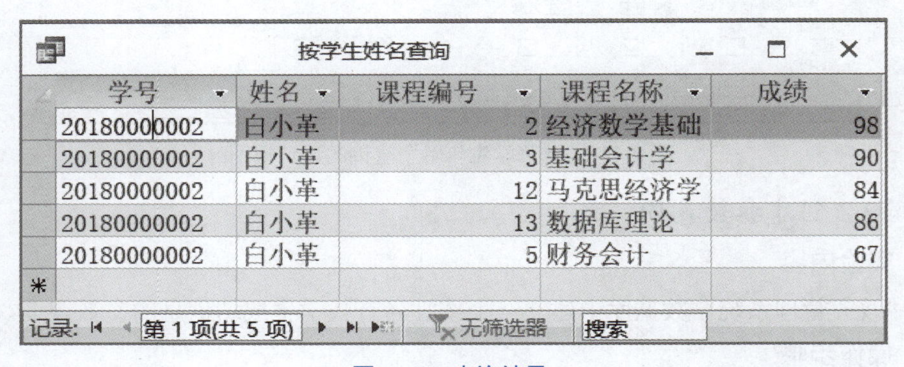

学号	姓名	课程编号	课程名称	成绩
20180000002	白小革	2	经济数学基础	98
20180000002	白小革	3	基础会计学	90
20180000002	白小革	12	马克思经济学	84
20180000002	白小革	13	数据库理论	86
20180000002	白小革	5	财务会计	67

图 3.14　查询结果

实验2.3 创建交叉表查询

1. 实验内容

打开数据库“教务管理系统”，使用设计视图创建一个名为“按性别统计各门课程的选课人数”的交叉表查询，查询的显示结果如图3.15所示。

按性别统计各门课程的选课人数

性别	财务会计	成本会计	管理会计	基础会计学	经济数学基	马克思
男	3	5	2	4	4	
女	4	2	2	3	3	

记录: 第 1 项(共 2 项) 无筛选器 搜索

图 3.15 “按性别统计各门课程的选课人数”查询结果

2. 操作步骤

（1）打开数据库“教务管理系统”。

（2）在“创建”选项卡中，单击“查询”组中的“查询设计”按钮，查询设计视图如图3.16所示。

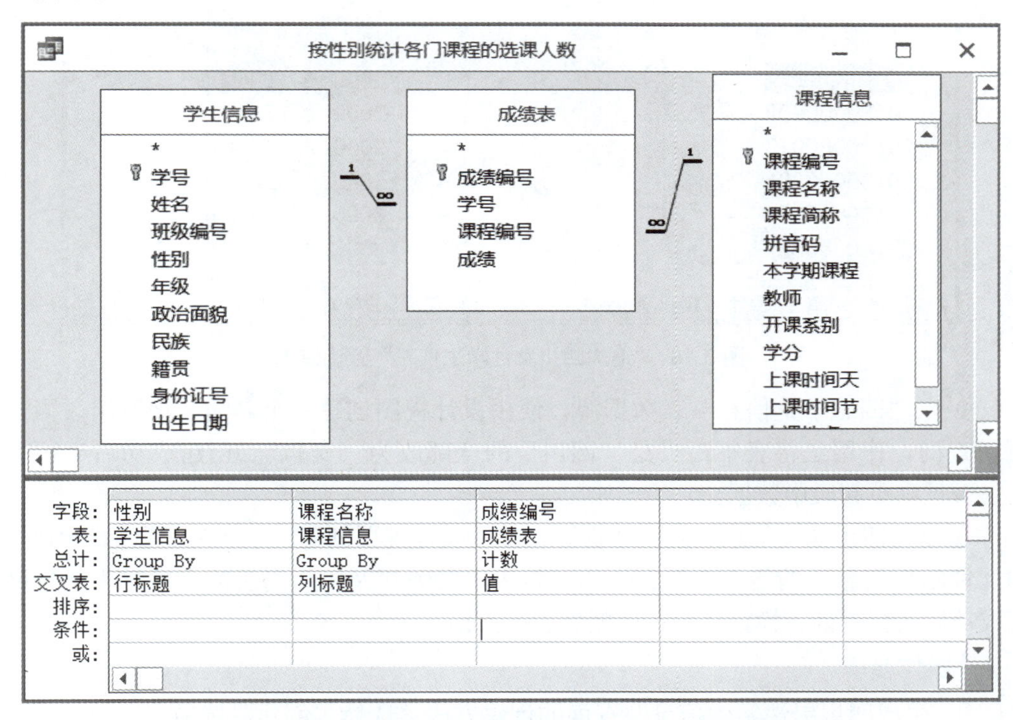

图 3.16 “按性别统计各门课程的选课人数”查询的设计视图

实验2.4 创建操作查询

1. 实验内容

打开数据库“教务管理系统”，按以下要求完成操作。

（1）以“学生信息”表为数据源，使用设计视图创建一个名为“生成四川男性学生信息”的生成表查询，作用是生成一张名为“四川学生信息”的新表，新表里显示来自四川的男性学生信息，如图3.17所示。创建成功后运行查询，检查是否正确生成新表。

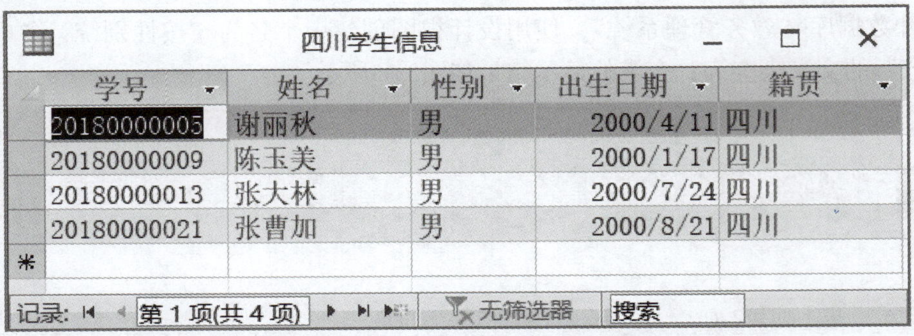

四川学生信息

学号	姓名	性别	出生日期	籍贯
20180000005	谢丽秋	男	2000/4/11	四川
20180000009	陈玉美	男	2000/1/17	四川
20180000013	张大林	男	2000/7/24	四川
20180000021	张曹加	男	2000/8/21	四川
*				

记录: 第 1 项(共 4 项) 无筛选器 搜索

图 3.17 “生成四川男性学生信息”查询结果

（2）以“学生信息”表为数据源，使用设计视图创建一个名为“追加四川女性学生信息”的追加查询，作用是将来自四川的女性学生信息追加到“四川学生信息”表中去，查询结果如图3.18所示。创建成功后运行查询，检查是否正确追加数据到表中。

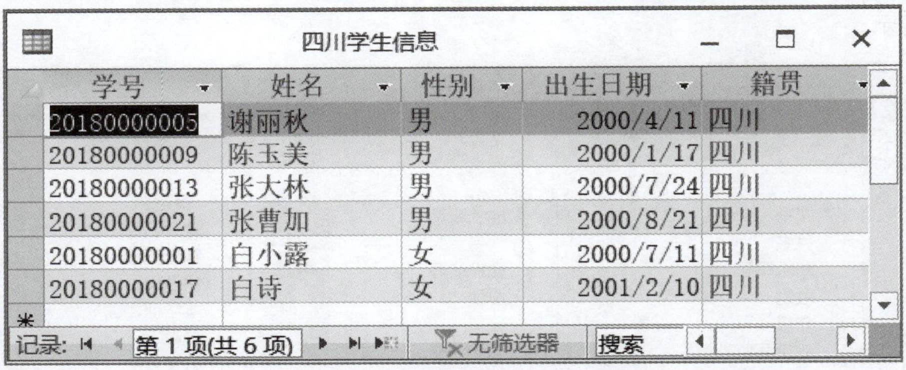

四川学生信息

学号	姓名	性别	出生日期	籍贯
20180000005	谢丽秋	男	2000/4/11	四川
20180000009	陈玉美	男	2000/1/17	四川
20180000013	张大林	男	2000/7/24	四川
20180000021	张曹加	男	2000/8/21	四川
20180000001	白小露	女	2000/7/11	四川
20180000017	白诗	女	2001/2/10	四川
*				

记录: 第 1 项(共 6 项) 无筛选器 搜索

图 3.18 “追加四川女性学生信息”查询结果

（3）以“四川学生信息”表数据源，使用设计视图创建一个名为“把四川改为安徽”的更新查询，作用是将表中籍贯是“四川”的全部改为“安徽”。创建成功后运行查询，检查是否正确更新表中数据。

（4）以“四川学生信息”表为数据源，使用设计视图创建一个名为“删除2001年后出生的女性学生信息”的删除查询，作用是将表中2001年及以后出生的女性学生信息删除。创建成功后运行查询，检查是否正确删除表中数据。

2. 操作步骤

（1）“生成四川男性学生信息”查询的创建方法：选择“创建”选项卡，单击“查询”组中的“查询设计”按钮，在查询设计视图中，选择“学生信息”表，字段选择“学号”、“姓名”、“性别”、“出生日期”和“籍贯”，在“性别”字段的“条件”行输入表达式：男，在“籍贯”字段的“条件”行输入表达式：四川，单击查询工具中的“生成表”按钮，弹出“生成表”对话框，输入新表名称“四川学生信息”，保存查询，命名“生成四川男性学生信息”。

（2）“追加四川女性学生信息”查询的创建方法：选择“创建”选项卡单击“查询”组中的“查询设计”按钮，在查询设计视图中，选择“学生信息”表，字段选择“学号”、“姓名”、“性别”、“出生日期”和“籍贯”，在“性别”字段的“条件”行输入表达式：女，在“籍贯”字段的“条件”行输入表达式：四川，单击查询工具中的“追加”按钮，弹出“追加”对话框，输入要追加的表名“四川学生信息”，保存查询，命名为“追加四川女性学生信息”。

（3）“把四川改为安徽”查询的创建方法：选择“创建”选项卡，单击“查询”组中的“查询设计”按钮在查询设计视图中，选择“四川学生信息”表，字段选择“籍贯”，单击查询工具中的“更新”按钮，在“籍贯”字段的“更新”行输入表达式：安徽，在“籍贯”字段的“条件”行输入表达式：四川，保存查询，命名为“把四川改为安徽”。

（4）“删除2001年后出生的女性学生信息”查询的创建方法：选择“创建”选项卡，单击“查询”组中的“查询设计”按钮在查询设计视图中，选择“四川学生信息”表，字段选择“性别”和“出生日期”，单击查询工具中的“删除”按钮，在“性别”字段的“条件”行输入表达式：女，在“出生日期”字段的“条件”行输入表达式>=#2001/1/#，保存查询，命名为“删除2001年后出生的女性学生信息”。

实验2.5 创建SQL查询

1. 实验内容

打开数据库“教务管理系统”，使用SQL语句完成以下操作。

（1）创建一个名为“SQ1”的查询，使用SQL语向实现：从“学生信息”表中查找“学号”“姓名”“班级编号”信息。

（2）创建一个名为“SQ2”的查询，使用SQL语句实现：从“学生信息”表和“成绩表”中查找“学号”“姓名”“班级编号”“出生日期”“成绩”信息，出生日期只显示2000年1月的，成绩按降序排列。

（3）创建一个名为“SQ3”的查询，使用SQL语句实现：查询“学生信息”表中的学生民族类别有哪几种。

（4）创建一个名为“SQ4”的查询，使用SQL 语向实现：以“学生信息”表为数据源，统计每个民族的学生信息数量。

（5）创建一个名为“SQ5”的查询，使用SQL语句实现：以“成绩表”为数据源，如果每个学生的平均成绩。

（6）创建一个名为“SQ6”的查询，使用SQL 语句实现：将一名新生信息（学号：20240010221；姓名：王晓飞；性别：男；民族：汉族；籍贯：安徽；出生日期：2005/12/13）添加到“学生信息”表中。

（7）创建一个名为“SQ7”的查询，使用SQL语句实现：将“学生信息”表中学生籍贯是“四川”的学生的“政治面貌”改为“党员”。

（8）创建一个名为“SQ8”的查询，使用SQL语句实现：删除“学生信息”表中学号为20180010221 的学生信息记录。

2. 操作步骤

（1）在SQL视图中使用以下语句：

```
SBLECT 学号，姓名，班级编号
FROM 学生信息：
```

（2）在SQL视图中使用以下语句：

```
SBLECT 学生信息.学号，学生信息.姓名，学生信息.班级编号，学生信息.出生日期，成绩表.成绩
FROM 学生信息，成绩表
WHERE 学生信息.学号=成绩表.学号 AND 学生信息.出生日期>=#2000/1/1# AND 学生信息.出生日期 <=#2000/1/31#
ORDER BY 成绩表.成绩 DESC;
```

（3）在SQL视图中使用以下语句：

```
SELECT Distinct 民族
FROM 学生信息;
```

（4）在SQL视图中使用以下语句：

```
SBLECT 民族，Count（学生信息编号）AS 学生人数
FROM 学生信息
GROUP BY 民族;
```

（5）在 SQL 视图中使用以下语句：

```
SELECT 学号，AVG（[成绩]）AS 平均成绩
FROM 成绩表
GROUP BY 学号;
```

（6）在SQL视图中使用以下语句：

```
Insert Into 学生信息（学号，姓名，性别，民族，籍贯，出生日期）
Values（"20240010221"，"王晓飞"，"男"，"汉族"，"安徽",#2005/12/13#）;
```

（7）在SQL视图中使用以下语句：

```
Update 学生信息
Set 政治面貌="党员"
Where 籍贯三"四川";
```

（8）在SQL视图中使用以下语句：

```
Delete From 学生信息
Where 学号="20180010221";
```

练习与拓展

有一个Sample2.accdb数据库，已经设计“店铺”表和“商品”表，见表3-1和表3-2。创建并运行以下查询：

表 3-1 “店铺”表

店铺编号	店铺名称	开店时间	地　区	用户评价分数	评价等级	关注人数
D01	志仕影音专营店	2021/1/16	深圳市	9.81	高	18 000
D02	罗技宁兴专卖店	2021/5/19	沈阳市	9.89	高	911
D03	奥捷智能设备专营店	2020/10/22	杭州市	9.9	高	5 800
D04	科星数码专卖店	2019/9/8	杭州市	9.54	中	26 000
D05	海迈数码专营店	2019/4/12	深圳市	9.25	低	76 000

表 3-2 “商品”表

商品编号	商品名称	店铺编号	价　格	月 销 量	好 评 度
S01	无线鼠标	D01	99	260	98%
S02	蓝牙耳机	D01	145	403	99%
S03	音响	D03	238	56	100%
S04	无线鼠标	D02	129	370	99%
S05	移动硬盘	D03	439	84	99%
S06	移动硬盘	D04	689	135	98%
S07	朗科优盘	D05	79	341	99%
S08	华为笔记本计算机	D05	4 999	122	100%
S09	金士顿优盘	D02	55	560	100%
S10	打印机	D04	1 029	30	98%
S11	华硕笔记本计算机	D04	4 299	76	99%
S12	平板计算机	D05	3 699	53	97%

（1）创建一个名为SQ1的选择查询，从“店铺”表中查找用户评价分数在“9.8分及以上”的所有店铺信息，依次显示“店铺名称”、“开店时间”和“用户评价分数”三个字段。

（2）创建一个名为SQ2的参数查询，按照输入的商品名称查找商品信息，依次显示“商品名称”、“店铺名称”、“价格”和“月销量”四个字段，当运行该查询时，提示框显示“请输入商品名称”。

（3）创建一个名为SQ3的交叉表查询，统计不同年份不同地区开设店铺的数量，以“年份”为行标题，“地区”为列标题，交叉点的值为店铺数量。（提示：使用Year函数获取年份值）

（4）创建一个名为SQ4的操作查询，将“好评度”为100%的商品信息显示到名为“好评商品”的新表中，该表依次包含“商品名称”、“店铺名称”、“价格”和“月销量”四个字段。

（5）创建一个名为SQ5的SQL查询，将“商品”表中每种商品的“价格”上调10%。

项目四 窗体的设计与创建

实验1 创建窗体

一、实验目的

1. 掌握创建窗体的方法。
2. 掌握利用窗体输入数据的方法。

二、实验任务

1. 创建窗体。
2. 利用窗体输入数据。

三、操作指导

1. 实验内容

对“教务管理系统”数据库，针对学生表创建学生窗体。

2. 操作步骤

（1）打开数据库“教务管理系统”。

（2）选中“学生”表。

（3）在“创建”选项卡中，单击“窗体”组中的“窗体”按钮，如图4.1所示。

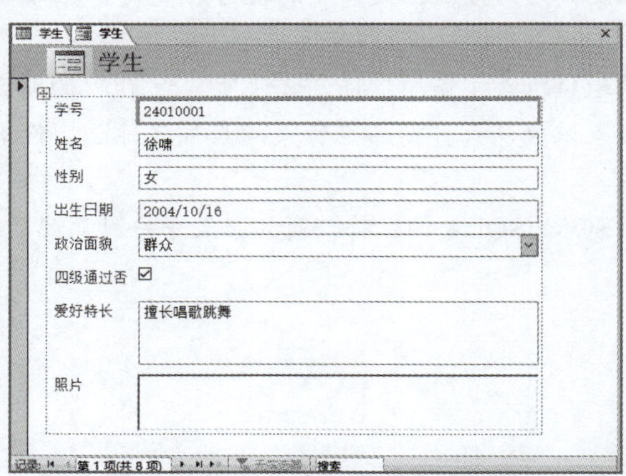

图4.1 为“学生”表创建自动窗体

（4）单击“保存”按钮，在弹出对话框内输入窗体名称“学生”，并保存窗体。

（5）单击刚才创建的学生窗体状态栏的“新（空白）记录”按钮，如图4.2所示。

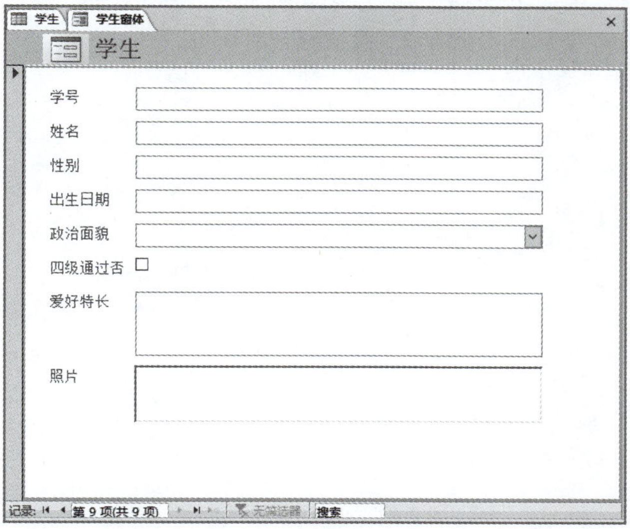

图 4.2　学生窗体

（6）在弹出的窗体页面，即可按字段输入一个新的学生记录。

实验 2　设 计 窗 体

一、实验目的

掌握设计窗体的工具和方法，熟悉窗体的布局。

二、实验任务

1. 熟悉窗体的布局。
2. 利用不同的布局展示窗体。

三、操作指导

1. 实验内容

对“教务管理系统”数据库，针对学生成绩表设计窗体，并使用表格式布局。

2. 操作步骤

（1）打开数据库“教务管理系统”，创建一个“学生成绩”窗体，在窗体中显示学生的学号、姓名、课程号、课程名、成绩、教师的姓名等信息，如图4.3所示。

（2）以“设计视图”模式打开“学生成绩”窗体。

（3）在“窗体设计工具”选项卡中，单击“排列”选项卡。

（4）选中窗体主体部分的所有控件，单击“排列”选项卡下“表”工具组中的“表格”按钮，修改后的布局样式如图4.4所示。

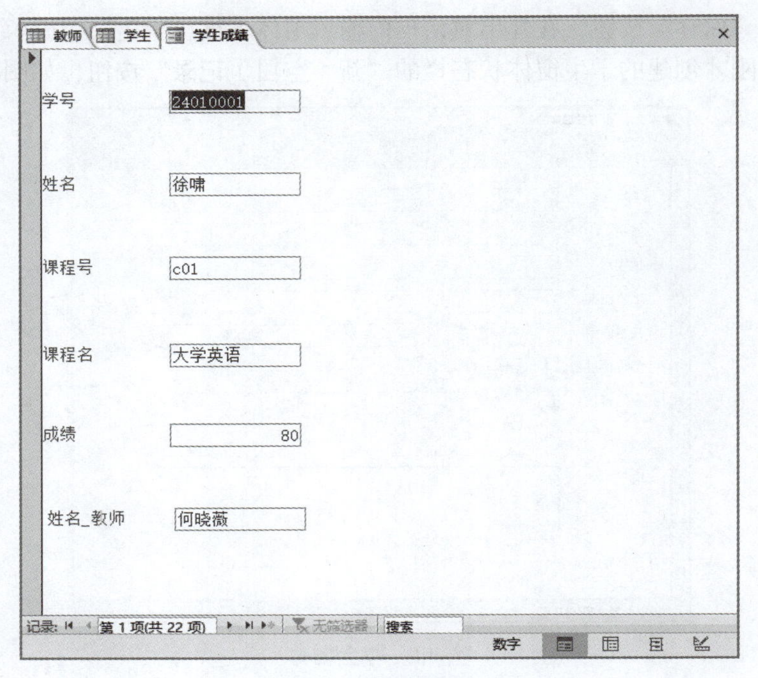

图 4.3　学生成绩窗体

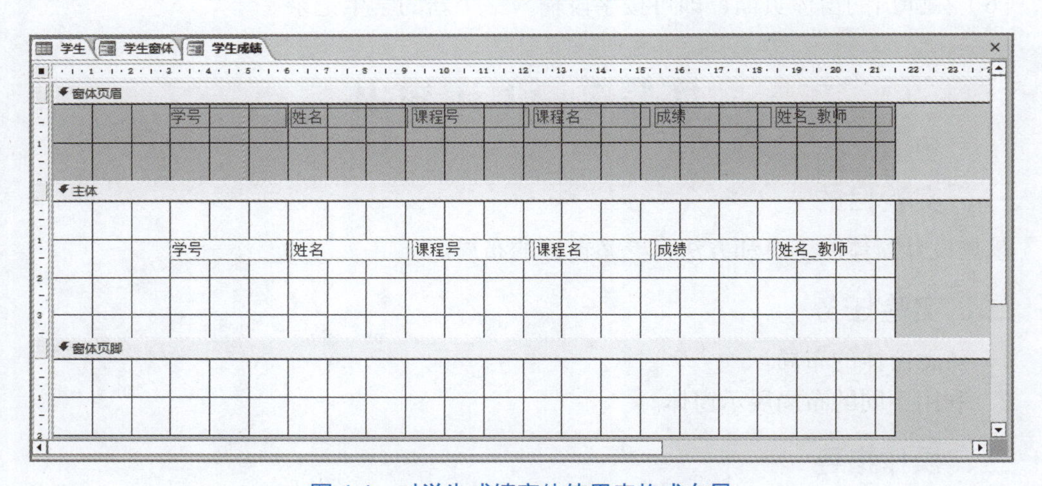

图 4.4　对学生成绩窗体使用表格式布局

练习与拓展

1. Access 2016窗体的布局有哪几种？每一种布局的适用场景是什么？
2. Access 2016窗体的控件有哪些？每一种使用的场合是什么？
3. 使用Access 2016，创建一个教师窗体，并根据实际情况使用合适的布局。

项目五

报表的设计与创建

实验1 创建报表

一、实验目的

1. 了解报表的作用，理解报表的组成部分。
2. 掌握利用报表向导创建报表。

二、实验任务

利用报表向导创建报表。

三、操作指导

1. 实验内容

应用报表向导和已创建的“学生成绩查询”创建“学生成绩信息查询汇总报表”，实现按照学号进行分组汇总，按照成绩进行排序等，方便教师和学生快速了解学生的成绩情况。

2. 操作步骤

（1）打开数据库，选择查询。

打开“教务管理系统”数据库，在数据库窗口左边“导航窗格”中选中“学生成绩查询”。

（2）选择“报表向导”。

单击“创建”选项卡“报表”组中的“报表向导”按钮，弹出“报表向导”对话框，如图5.1所示。

（3）选择字段、分组、排序。

如图5.1所示，在“表/查询”下拉列表框中选择“学生成绩查询”，选择报表中显示的字段“学号”“姓名”“专业”“课程编号”“课程名称”“成绩”字段到“选定字段”列表中。单击“下一步”按钮，弹出图5.2所示的对话框，确定查看数据的方式选择“通过学生”分组，单击“下一步”按钮，同样设置分组方式为“学号，姓名，专业名称”。

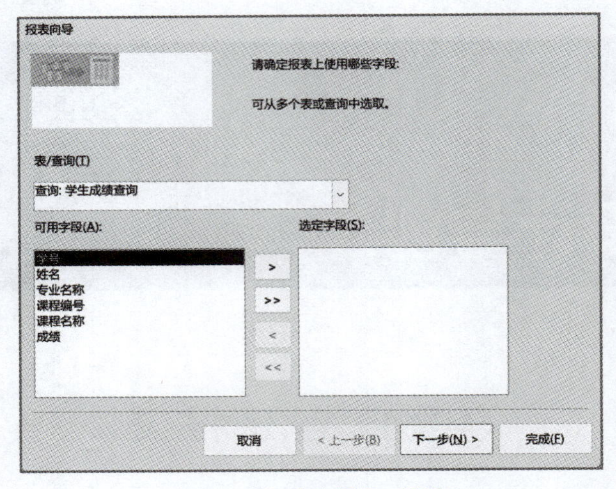

图 5.1 “报表向导”对话框

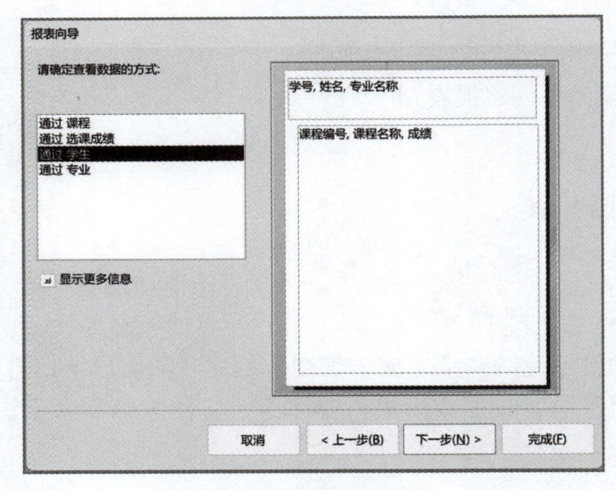

图 5.2 选择分组

单击“下一步”按钮，弹出图5.3所示的对话框，选择对“成绩”进行“降序”排序。

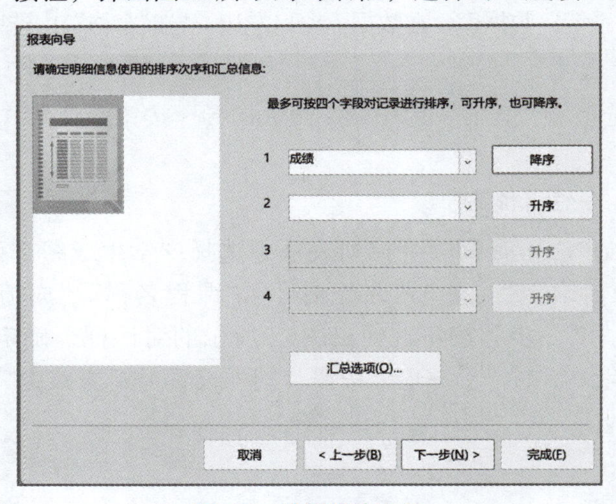

图 5.3 选择排序字段

（4）设置汇总。

单击图5.3中的“汇总选项”按钮，弹出图5.4所示的“汇总选项”对话框，在“成绩”组中勾选“平均”复选框，单击“确定”按钮。

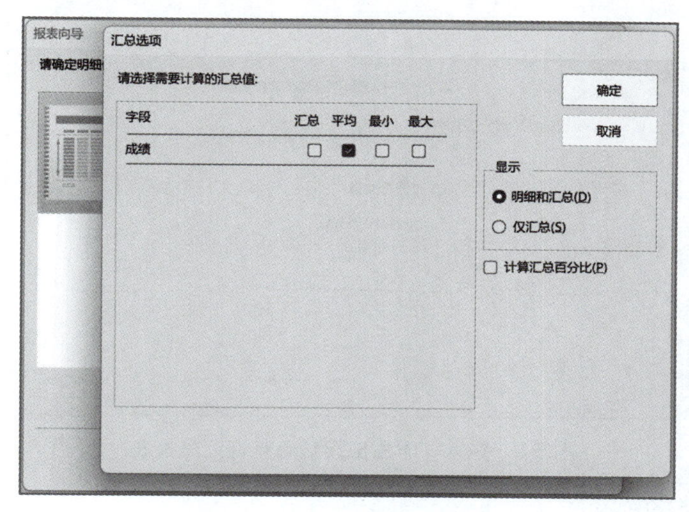

图 5.4 “汇总选项”对话框

（5）设置布局、方向。

弹出图5.5所示的对话框，在“报表向导”对话框中设置“布局”为“递阶”，“方向”为“纵向”，单击“下一步”按钮。

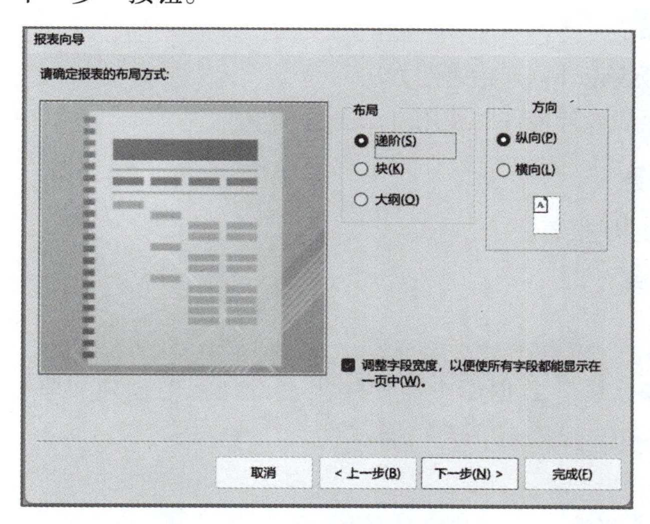

图 5.5 设置布局与方向对话框

（6）指定报表标题。

在图5.6所示的对话框中，在“请为报表指定标题”文本框中输入“学生成绩信息查询汇总报表”，单击“完成”按钮创建报表。

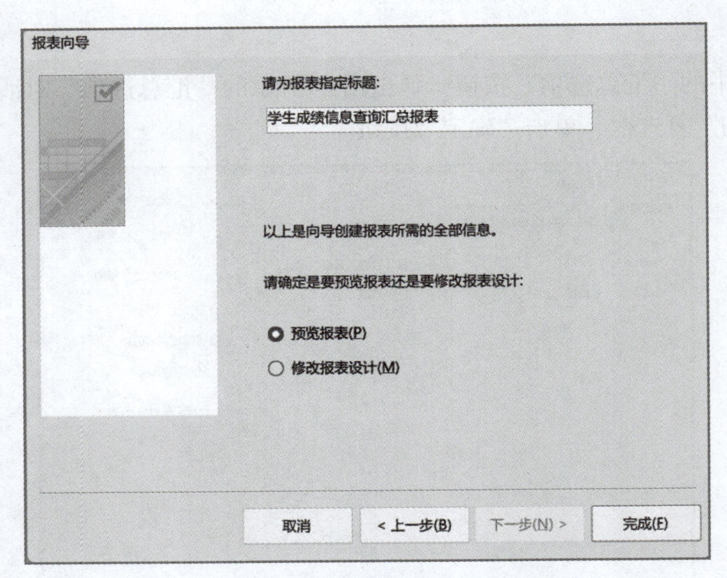

图 5.6 输入“学生成绩信息查询汇总报表”

（7）调整报表的列宽并保存报表。

实验 2 设计报表

一、实验目的

1. 掌握利用报表设计创建报表的方法。
2. 掌握常见报表设计控件的使用方法。

二、实验任务

利用报表向导创建报表。

三、操作指导

1. 实验内容

在“教务管理系统”数据库中，使用报表设计视图创建“学生基本信息一览表”报表。

2. 操作步骤

（1）选择报表数据源。

打开“教务管理系统”，选择“创建”选项卡，在“报表”组中选择“报表设计”按钮，打开报表设计视图。

（2）添加报表控件。

在报表设计视图中，依次添加报表所需数据表字段，如图5.7所示。

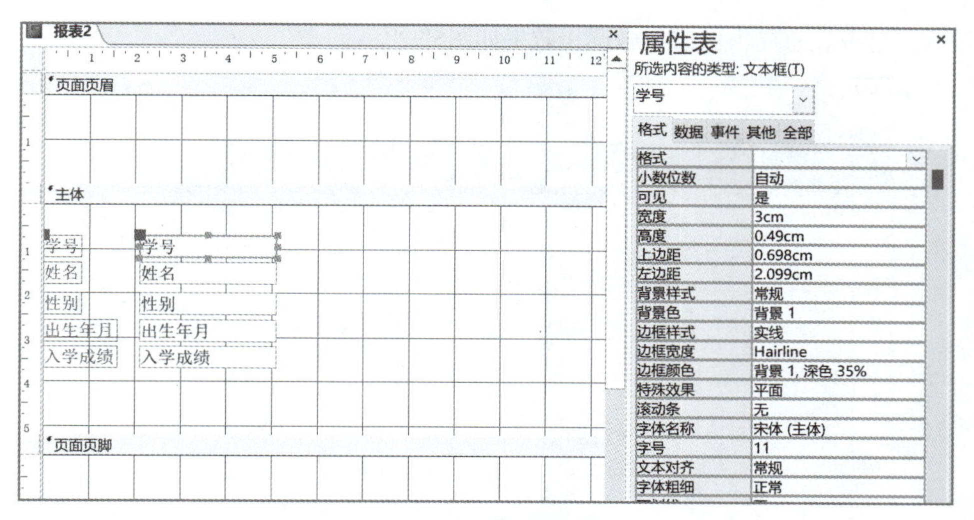

图 5.7　添加报表所需数据表字段

（3）调整报表布局。

① 选中报表主体节中的全部字段控件,在报表设计工具-“排列”选项卡“表”组中单击“表格”按钮，将字段控件的布局方式调整为“表格”方式。

② 调整字段控件至合适的位置和大小，通过“格式”选项卡中的字体、字号调整控件的字体格式，并将其“居中对齐”。

③ 拖动页面页眉节、主体节滑块，调整各报表节至合适的高度，效果如图5.8所示。

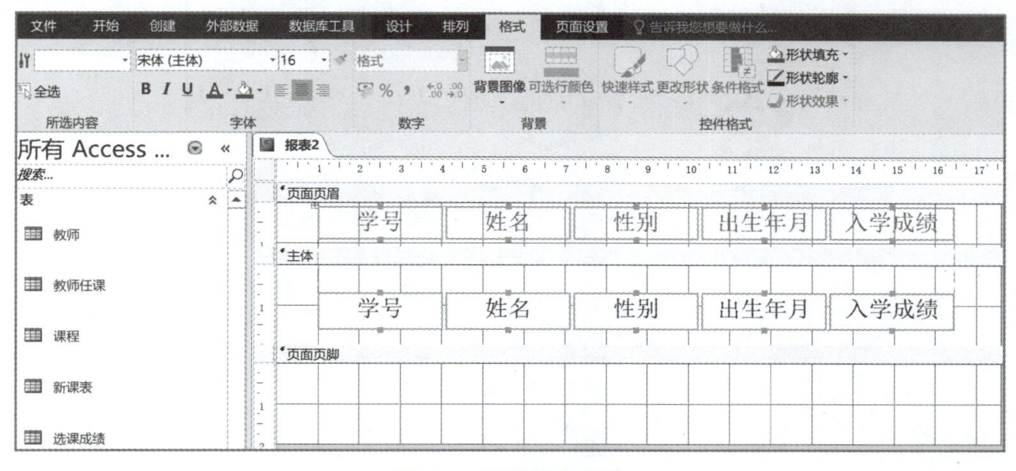

图 5.8　调整报表布局

（4）添加页眉页脚信息。

① 在“报表页眉”节中添加报表标题。在报表工作区中右击，在弹出快捷菜单选择“报表页眉/页脚”命令，在弹出“报表页眉”节中添加“标签”控件，设置标题内容为“学生信息一览表”，字体红色、26磅。

② 在“页面页脚”节中添加页码。在“设计”选项卡“页眉/页脚”组中，单击“页码”按钮添加“页面底端（页脚）”页码。

最后，对报表布局再次进行微调，效果如图5.9所示。

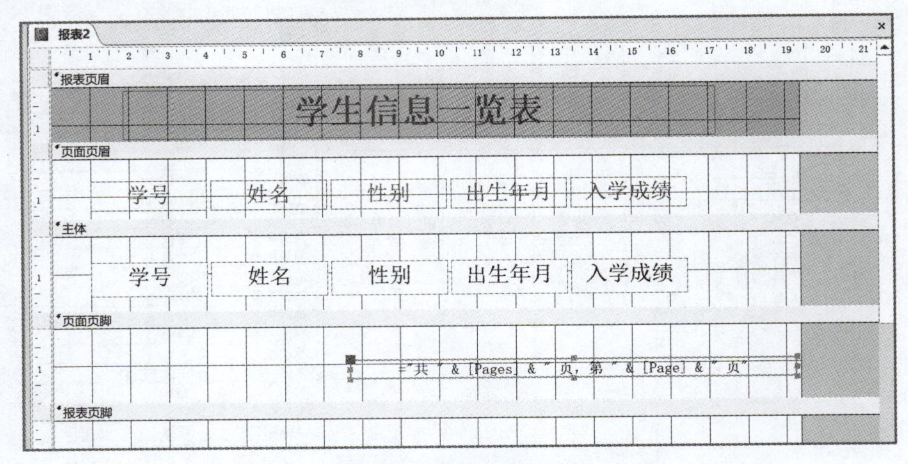

图 5.9 优化报表布局

(5) 预览报表。

效果满意后将报表保存为“学生基本信息一览表”报表,打印预览效果如图5.10所示。

学生信息一览表

学号	姓名	性别	出生年月	入学成绩
160010001	徐啸	女	1994/10/16	680
160010002	辛国年	男	1995/1/17	650
160010003	徐玮	女	1996/1/19	530
160010004	高聪	男	1996/9/9	550
160010005	张飞	男	1996/3/5	621
160020001	邓一欧	男	1995/5/20	601

图 5.10 预览报表

实验 3 报表排序、分组和计算

一、实验目的

1. 掌握报表排序、分组的显示。
2. 掌握报表排序、分组的实现方法。
3. 掌握计算控件的创建和使用。

二、实验任务

利用报表设计视图创建带有计算控件的报表，实现报表的排序和分组。

三、操作指导

1. 实验内容

在“教务管理系统”数据库中，创建“学生选课成绩”查询，查询字段为“学号”“姓名”“出生年月”“课程编号”“课程名称”“成绩”。并以此查询为数据源创建含有以上字段的报表。创建计算型文本控件，计算“年龄”。按照学号“分组”，统计每名学生选课成绩的平均成绩。

2. 操作步骤

（1）创建报表数据源。

启动“教务管理系统”数据库，利用“查询设计”创建“学生选课成绩”查询，如图5.11所示。

学号	姓名	课程编号	课程名称	成绩	出生年月
160010001	徐啸	bj001	大学英语	80	1994/10/16
160010001	徐啸	bj002	高等数学	85	1994/10/16
160010001	徐啸	bj003	计算机基础	75	1994/10/16
160010001	徐啸	bj004	Access	56	1994/10/16
160010001	徐啸	bj005	基础会计	90	1994/10/16
160010002	辛国年	bj002	高等数学	47	1995/1/17
160010002	辛国年	bj003	计算机基础	53	1995/1/17
160010002	辛国年	bj004	Access	75	1995/1/17
160010002	辛国年	bj005	基础会计	95	1995/1/17
160010002	辛国年	bj001	大学英语	88	1995/1/17
160010003	徐玮	bj001	大学英语	80	1996/1/19
160010003	徐玮	bj002	高等数学	87	1996/1/19
160010003	徐玮	bj003	计算机基础	75	1996/1/19
160010003	徐玮	bj005	基础会计	87	1996/1/19
160010003	徐玮	bj004	Access	88	1996/1/19

图 5.11　学生选课成绩查询

（2）创建报表分组及排序。

① 添加所有字段控件。在“教务管理系统”数据库中，选择“创建”选项卡“报表”组中的“报表设计”按钮，以图5.11所示的查询为数据源创建报表。同时添加报表标题为“学生选课成绩汇总表”，设置字体、字号及颜色。

② 创建学号分组。单击“设计”选项卡“分类和汇总”组中的“分组和排序”按钮，在报表的下方自动打开“分组、排序和汇总”窗格。单击“添加组”按钮，在弹出的字段列表中双击“学号”字段创建分组。

③ 创建成绩排序。在“分组、排序和汇总”窗格中单击“添加排序”按钮，在弹出的字段列表中选择“成绩”字段，“降序”创建按照每个学生分组，且每个学生的成绩按照降序排列。调整控件格式及布局，如图5.12所示。

（3）创建年龄计算控件。

在组页眉“学号页眉”节中添加“年龄”文本框，设置控件的“控件来源”属性为“=Year(Date())-Year([出生年月])”，如图5.13所示。

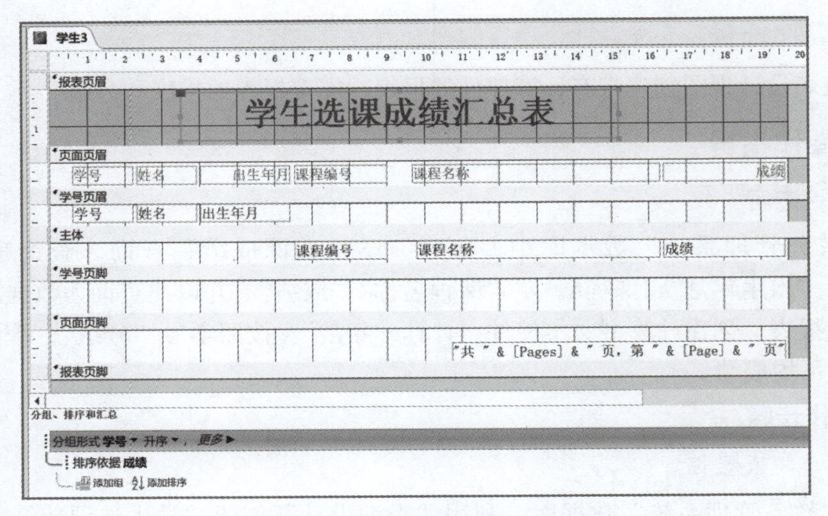

图 5.12　创建分组及排序

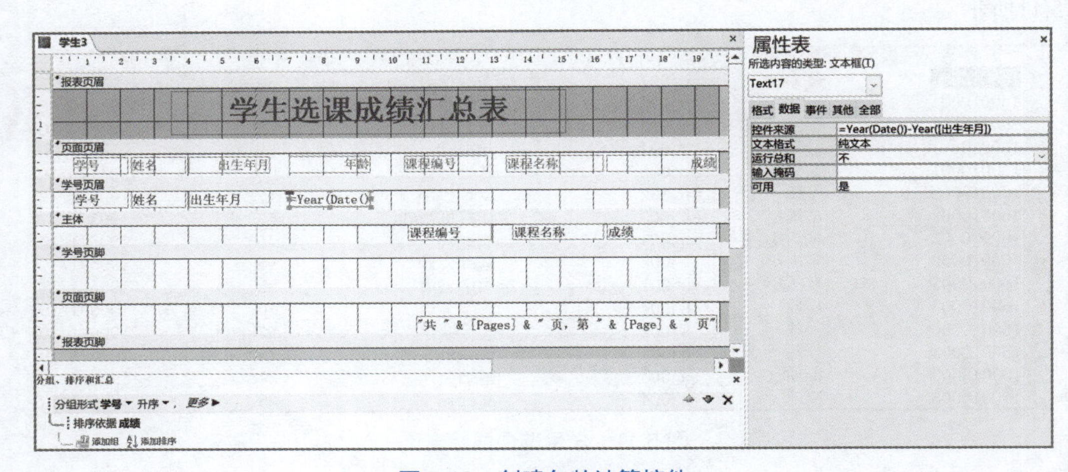

图 5.13　创建年龄计算控件

（4）创建平均成绩汇总。

在组页脚“学号页脚”节中添加“平均成绩”文本框，设置控件的“控件来源”属性为“=Avg([成绩])”，如图5.14所示。

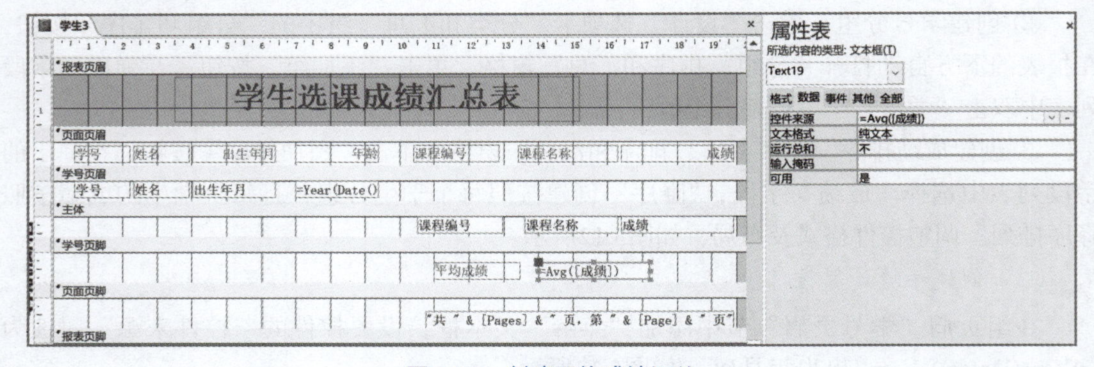

图 5.14　创建平均成绩汇总

（5）调整布局。

查看并保存报表，效果如图5.15所示。

学生3

学生选课成绩汇总表

学号	姓名	出生年月	年龄	课程编号	课程名称	成绩
16001000	徐啸	1994/10/16	30			
				bj005	基础会计	90
				bj002	高等数学	85
				bj001	大学英语	80
				bj003	计算机基础	75
				bj004	Access	56
				平均成绩	77.2	
16001000	辛国年	1995/1/17	29			
				bj005	基础会计	95
				bj001	大学英语	88
				bj004	Access	75
				bj003	计算机基础	53
				bj002	高等数学	47
				平均成绩	71.6	
16001000	徐玮	1996/1/19	28			
				bj004	Access	88
				bj005	基础会计	87
				bj002	高等数学	87
				bj001	大学英语	80
				bj003	计算机基础	75
				平均成绩	83.4	

共 1 页，第 1 页

图 5.15　报表打印预览效果

练习与拓展

已知在“教务管理系统”数据库中，存在“学生表”。设计出以“学生表”为数据源的报表对象bStud。试在此基础上按照以下要求完成报表设计：

（1）在报表的报表页眉节区添加一个标签控件，其名称为“bTitle”，标题显示为“学生基本信息表”，合理设置其字体字号颜色及布局位置。

（2）在报表的主体节区添加文本框控件，分别显示“姓名”、“性别”和“年龄”字段值。“姓名”控件放置在距上边0.1 cm、距左边5.2 cm，“性别”“年龄”控件至右水平放置。

（3）在报表页脚区添加一个计算控件，计算并显示学生平均年龄。计算控件放置在距上边0.2 cm、距左边4.5 cm,并命名为“tAvg”。

宏的设计与创建

实验1　创建和运行操作序列宏

一、实验目的

1. 理解宏的概念和作用。
2. 掌握操作序列宏的创建过程。

二、实验任务

利用宏命令创建和运行操作序列宏。

三、操作指导

1. 实验内容

对“教务管理系统”数据库，创建一个打开学生窗体的操作序列宏。

2. 操作步骤

（1）打开数据库“教务管理系统”。

（2）在“创建”选项卡中，单击“宏与代码”组中的“宏”按钮，在打开的“宏”窗体中添加宏命令“OpenForm”，如图6.1所示。

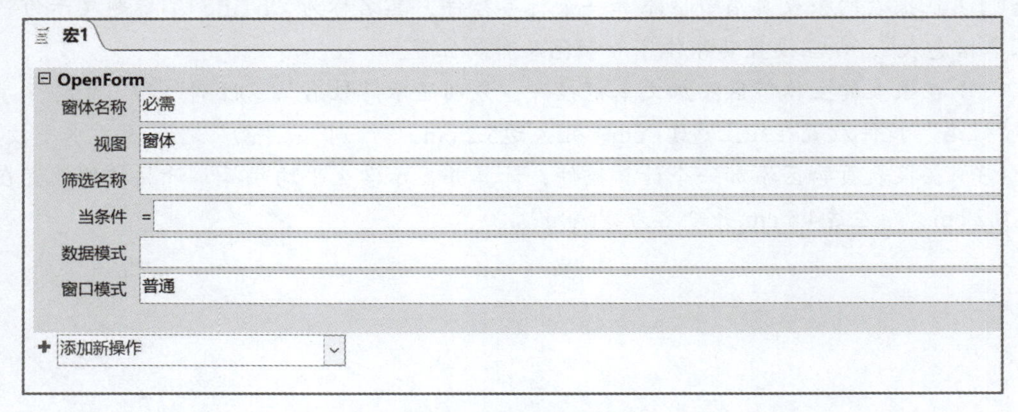

图6.1　添加宏命令

（3）设置宏参数。窗体名称选择“学生”，窗口模式选择“普通”，如图6.2所示。

（4）单击“保存”按钮，在弹出对话框内输入宏名称，保存宏即可。

宏1

OpenForm
窗体名称 学生
视图 窗体
筛选名称
当条件
数据模式
窗口模式 普通
添加新操作

图 6.2 设置宏参数

实验 2 创建子宏和宏组

一、实验目的

掌握创建子宏和宏组的工具和方法，熟悉宏命令的使用。

二、实验任务

1. 掌握创建子宏和宏组的方法。
2. 掌握宏的应用。

三、操作指导

1. 实验内容

对“教务管理系统”数据库，创建“学生选课成绩”窗体，用于查询学生的选课成绩。通过按钮绑定宏组和子宏来实现根据学号查询学生成绩。

2. 操作步骤

（1）创建“学生选课成绩”窗体，如图6.3所示。

打开数据库“教务管理系统”，创建窗体，在窗体中显示学生的学号、姓名、课程名、成绩等信息。窗体的“允许添加”和“允许删除”属性均设置为“否”，窗体的“允许编辑”属性要使用默认值“是”，这样才能在用于查询的“待查询学号”文本框中输入内容。但数据表的字段控件不允许修改，因此将主体节4个文本框控件的“是否锁定”属性设置为“是”。

（2）创建“查询”子宏。

① 在数据库中单击“创建”选项卡“宏与代码”组中的“宏”按钮。

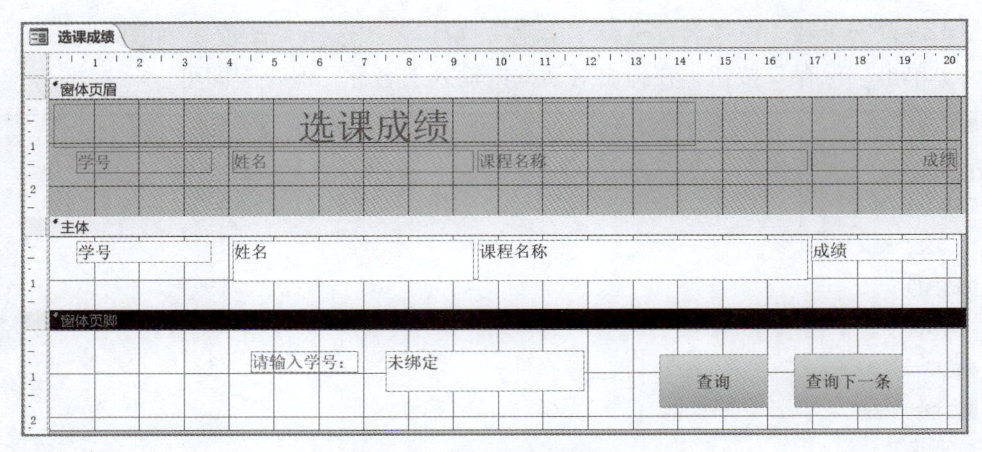

图 6.3 学生选课成绩窗体

② 在宏界面选择利用GoToControl创建查找记录子宏。“GoToControl”操作命令用于将焦点移到激活数据表或窗体上指定的字段或控件上，其操作参数只有一个“控件名称”，系统根据用户输入的学号在“学号”文本框控件中去查找并定位到相应的记录，因此“控件名称”操作参数输入的是“学号”。

③ 在设计视图第二行选择“FindRecord”命令。“FindRecord”操作命令用于查询指定的记录，公式“=[forms]![选课成绩]![待查询学号]”表示窗体“选课成绩”的“待查询学号”文本框中输入的查找内容。

④ 将宏更改为子宏，创建宏组，并命名为“查询”，如图6.4所示。为了能够查询下一条记录，需要将刚刚设计的宏组合成一个子宏。选中两个宏，在右击快捷菜单中选择“生成子宏程序块”命令，并命名为“查询”，生成查询子宏。

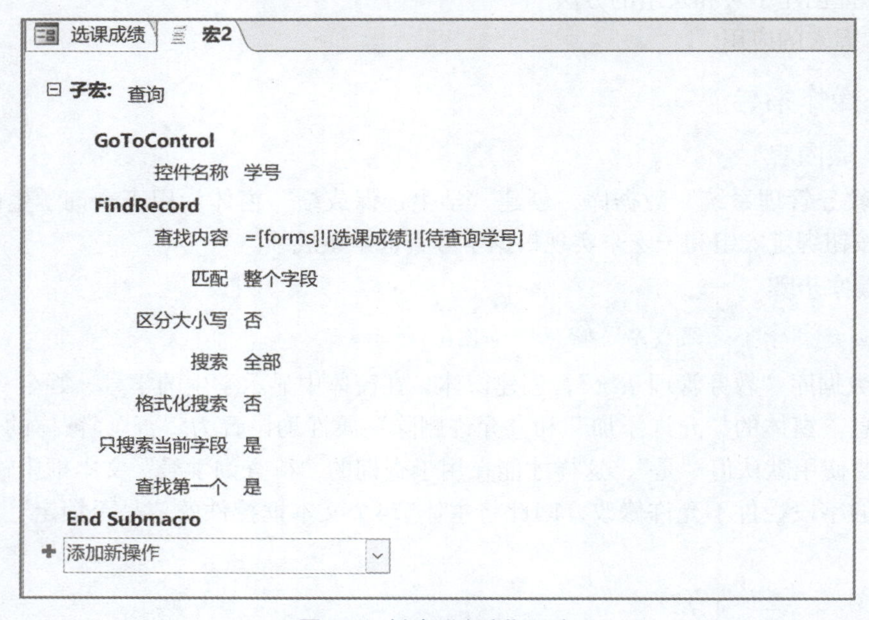

图 6.4 创建“查询”子宏

（3）创建“查询下一条”子宏，如图6.5所示。

类似步骤（2）创建第二个子宏“查询下一条”，包括两条操作命令“GoToControl”和“FindNext”，输入子宏名为“学生成绩学号查询”，并保存宏组为“学生成绩学号查询”。

选课成绩 学生成绩学号查询

⊞ 子宏：查询

⊟ 子宏：查询下一条

GoToControl （学号）
FindNextRecord
End Submacro
✚ 添加新操作

图 6.5 创建“查询下一条”子宏

（4）将宏与按钮链接。

将创建的“查询”宏链接到“选课成绩”窗体中的“查询”按钮，需在窗体中选中“查询”按钮，在“属性”窗格“事件”选项卡的“单击”下拉列表框中选择宏“学生成绩学号查询.查询”。同样，将“查询下一条”宏链接到“查询下一条”按钮，“单击”事件中选择“学生成绩学号查询.查询下一条”，如图6.6所示。

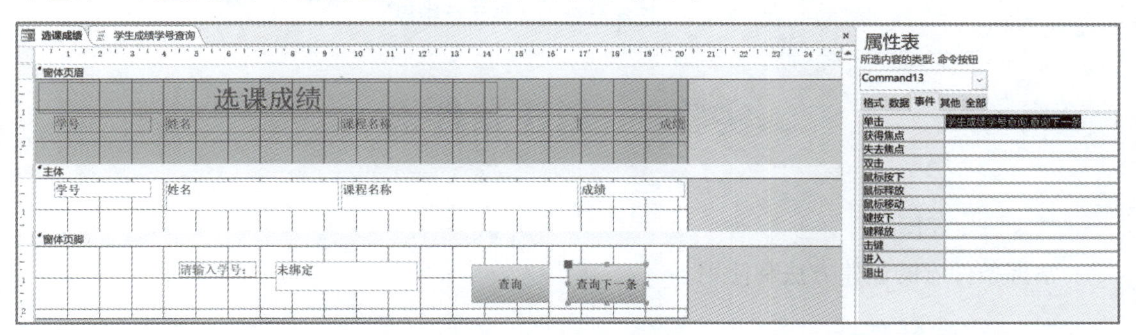

图 6.6 按钮控件应用子宏

（5）保存窗体，并运行。

完成以上操作步骤后，打开“选课成绩”窗体，在“请输入学号:”标签后面的文本框中输入需要查询的学号，如“160010002”，然后单击“查询”按钮，系统会自动查找符合条件的第一条记录，并将光标定位到该记录的“学号”字段控件上，如图6.7所示。如果没有找到符合条件的记录，记录将保持在原来的位置。再单击“查询下一条”按钮，则自动跳转查找符合条件的下一条记录。

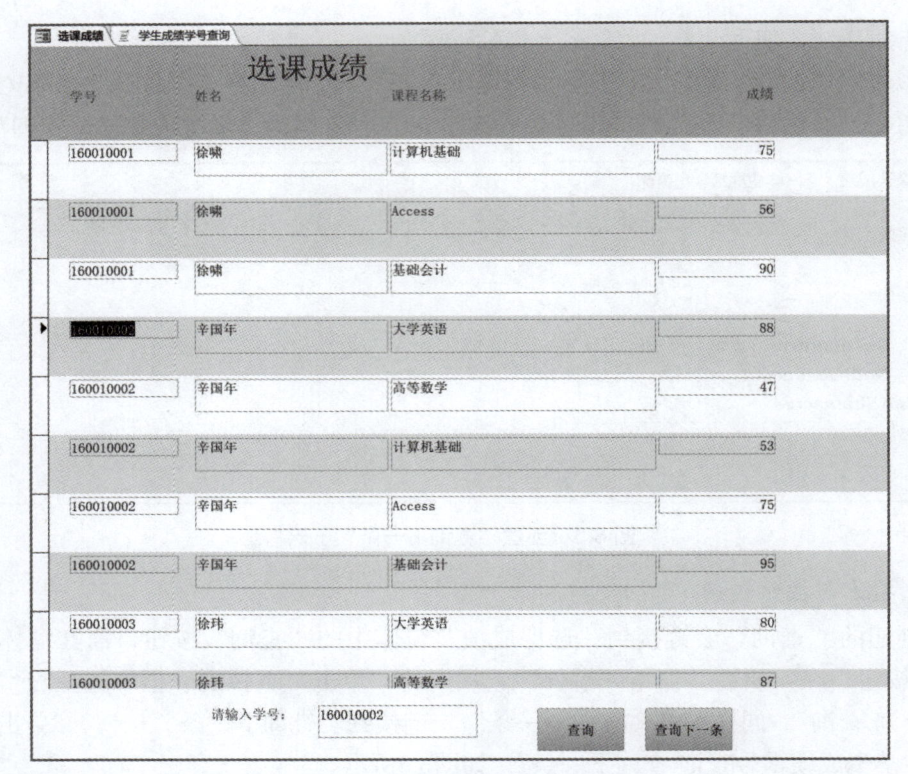

图 6.7　按学号查询成绩运行结果

实验 3　创建条件宏

一、实验目的

掌握条件宏的创建方法和使用。

二、实验任务

1. 掌握创建条件宏的方法。
2. 掌握宏的应用。

三、操作指导

1. 实验内容

对“教务管理系统”数据库，在“学生选课成绩窗体”中浏览学生成绩数据时，如果成绩小于60分，希望弹出提示信息“该课程成绩不合格，请注意！”，从而进行预警提示。

2. 操作步骤

（1）打开数据库“教务管理系统”，选择“选课成绩”窗体。在窗体“事件”属性选项卡中设置“成为当前”事件，选择“宏生成器”，单击“确定”按钮。

（2）添加宏命令。

在宏设计视图中选择“if”宏命令。其中，“条件”列中输入的“[Forms]![选课成绩]![成绩]=0”,表示“选课成绩”窗体的“成绩”文本框控件中的值为0时，操作命令为“MessageBox”进行提示，设计效果如图6.8所示。

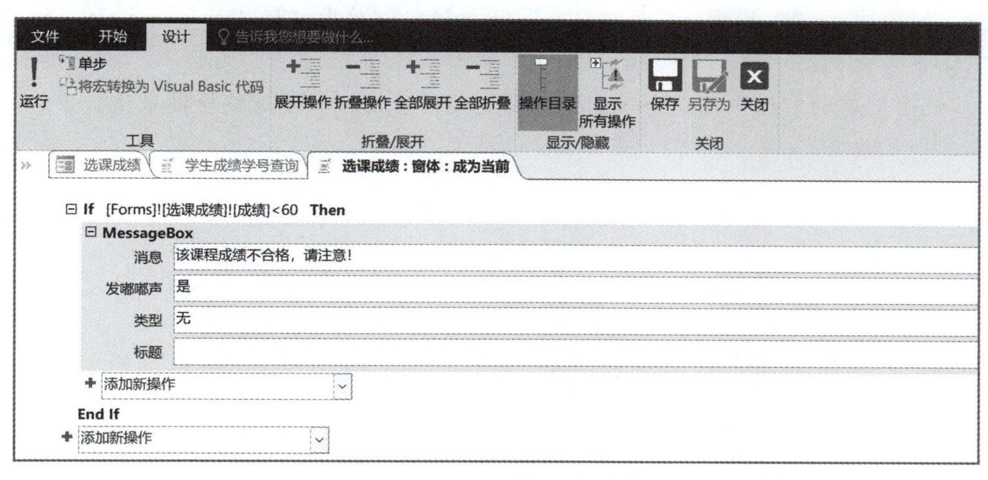

图 6.8　创建条件宏

（3）保存，并运行窗体。

在窗体中完成条件宏创建后，打开“选课成绩”窗体，通过“查询下一条”按钮浏览记录，当浏览到成绩小于60的记录时，系统将弹出消息框，如图6.9所示。

选课成绩　学生成绩学号查询

选课成绩

学号	姓名	课程名称	成绩
160010001	徐啸	大学英语	80
160010001	徐啸	高等数学	85
160010001	徐啸	计算机基础	75
160010001	徐啸	Access	56
160010001	徐啸	基础会计	90
160010002	辛国年	大学英语	88
160010002	辛国年	高等数学	47
160010002	辛国年	计算机基础	53
160010002	辛国年	Access	75
160010002	辛国年	基础会计	95

Microsoft Access

请输入学号：　查询　查询下一条

图 6.9　执行条件宏

练习与拓展

1. Access 2016提供了哪些宏命令，了解熟悉常见的宏命令的使用方法。

2. 利用窗体菜单栏宏为学生“成绩查询窗体”添加一个菜单栏，并设置菜单栏执行的功能。例如，在窗体上添加一个“报表”菜单栏，菜单中包括“打印信息卡”和“打印标签”命令。

3. 试为创建的宏组中每一个子宏创建并定义快捷键，并通过快捷键来运行宏。

项目七 模块与 VBA 程序设计

实验 VBA 程序设计及模块的创建

一、实验目的

1. 掌握模块及VBA程序设计相关概念，VBA程序开发环境，VBA程序开发基础知识，VBA程序控制语句。

2. 了解VBA自定义过程的定义与调用，VBA数据库访问技术。

3. 熟悉VBA程序的调试。

二、实验任务

1. 创建VBA窗体模块。
2. 设计VBA顺序结构程序。
3. 设计VBA选择结构程序。
4. 设计VBA循环结构程序。
5. 编写VBA子过程和函数。
6. 使用VBA数据库编程。

三、操作指导

实验7.1 VBA开发环境及模块的创建

1. 实验内容

创建登录模块。

2. 操作步骤

（1）打开数据库“教务管理系统”，单击“创建”选项卡“窗体”组中的“窗体设计”按钮，打开窗体设计窗口。

（2）按图7.1所示添加窗体控件，并布局控件和设置相应控件的属性。

（3）按图7.2所示，创建“用户表”。

（4）在“用户登录”窗体中右击“登录”按钮，在弹出的快捷菜单中选择“事件生成器”命令，打开“选择生成器”对话框，选择“代码生成器”选项，则打开VBA编辑窗口。输入“登录”按钮的事件过程代码如下：

```
Private Sub 登录_Click()
  Dim cn As New ADODB.Connection
  Dim rs As New ADODB.Recordset
  Dim strSQL As String
  Set cn = CurrentProject.Connection
  strSQL = "select * from 用户表"
  rs.Open strSQL, cn, asopendynamic, adLockOptimistic, adCmdText
  Do While Not rs.EOF
  If yhm = rs.Fields("用户名") And mm = rs.Fields("密码") Then
   DoCmd.OpenForm "主界面"
   Exit Sub
  End If
  rs.MoveNext
  Loop
  If rs.EOF Then
   MsgBox "用户名或密码不正确! "
   yhm = ""
   mm = ""
   End If
   rs.Close
   cn.Close
   Set rs = Nothing
   Set cn = Nothing
End Sub
```

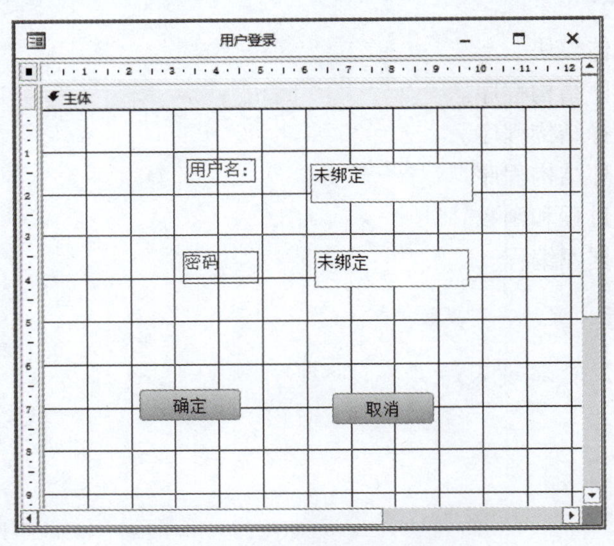

图 7.1 “用户登录”界面设计

用户表

字段1	字段2	字段3	单击以添加
用户	密码	角色	
admin	123456	1	
hax	123456	2	
yxs	123456	2	

图 7.2 创建“用户表”

（5）编辑“取消”按钮的事件过程代码如下：

```
Private Sub 取消_Click()
  DoCmd.Close
End Sub
```

（6）保存“用户登录”窗体，运行该窗体，输入用户名和密码测试“登录”和“取消”按钮功能的实现。

实验7.2 VBA顺序结构程序设计

1. 实验内容

输入两门课成绩，输出平均分。

2. 操作步骤

（1）创建一个如图7.3（a）所示的窗体，窗体中有一个命令按钮，名称为Cmd1，标题为“求平均分”。

（2）为命令按钮Cmd1编写单击事件代码。在代码窗口中Cmd1命令按钮的Click事件过程中输入程序代码如下：

```
Private Sub Cmd1_Click()
  Dim x As Single, y As Single, a As Single
  x = Val(InputBox("请输入第一门课成绩"))
  y = Val(InputBox("请输入第二门课成绩"))
  a = (x + y) / 2
  MsgBox "两门课的平均分为：" & a
End Sub
```

（3）保存后运行窗体。运行时依次在图7.3（b）、（c）中输入分数后，弹出结果如图7.3（d）所示。

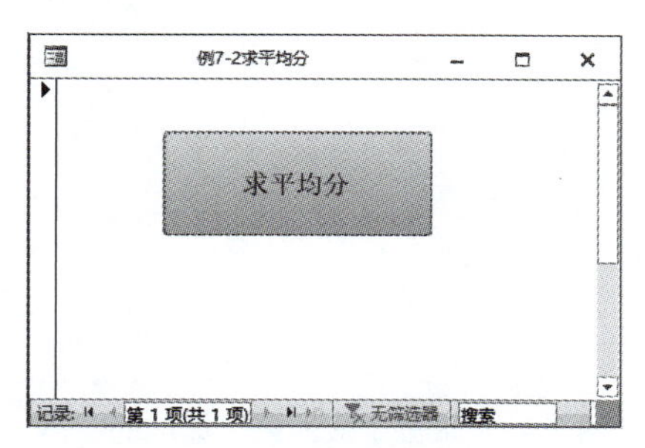

（a）求平均分窗体

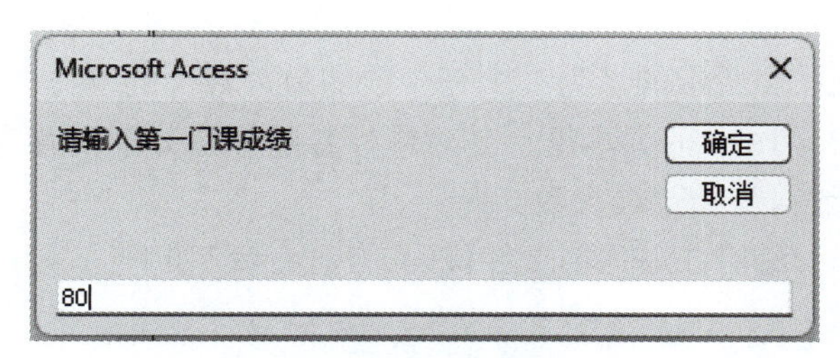

（b）输入第一门课成绩对话框

图 7.3 “例 7.2 求平均分”窗体和对话框

（c）输入第二门课成绩对话框

（d）平均分结果对话框

图 7.3 “例 7.2 求平均分”窗体和对话框（续）

实验7.3 VBA选择结构程序设计

1. 实验内容

输入三个整数，求出这三个数的最大数并输出，如图7.4所示。

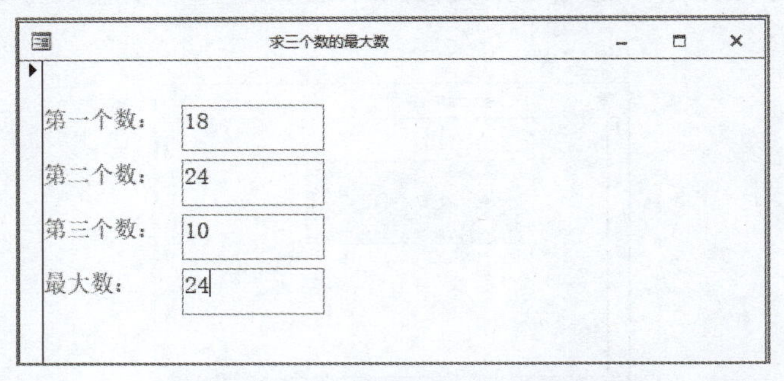

图 7.4 “求三个数的最大数”的窗体

2. 操作步骤

（1）创建一个如图7.4所示的名为“求三个数的最大数”的窗体。在窗体中添加四个名为Text1、Text2、Text3、Text4的文本框，其对应标签的标题分别设置为“第一个数：”、“第二个数：”、“第三个数：”和“最大数：”。

（2）为文本框Text4编写GotFocus事件代码，程序代码如下：

```
Private Sub Text4_GotFocus()
Dim x As Integer, y As Integer, z As Integer, max As Integer
x = Text1.Value: y = Text2.Value: z = Text3.Value
```

```
If x > y Then
max = x
Else
max = y
End If
If max < z Then max = z
Text4.Value = max
End Sub
```

实验7.4 VBA循环结构程序设计

1. 实验内容

求100以内奇数的和，并显示输出。

2. 操作步骤

（1）创建一个如图7.5所示的名为“100以内奇数求和”的窗体。

（2）在窗体中添加一个名为Text1的文本框，标签的标题为“1+3+…+99=”；添加一个名为Cmd1的命令按钮，标题为“求和”。单击“求和”按钮后将结果显示在Text1的文本框中。

（3）在代码窗口中为命令按钮Cmd1编写如下代码：

```
Private Sub Cmd_Click()
Dim i As Integer, s As Integer
s = 0
For i = 1 To 100 Step 2
  s = s + i
Next i
Text1.Value = s
End Sub
```

（4）启动窗体，单击“求和”按钮，运行结果如图7.5所示。

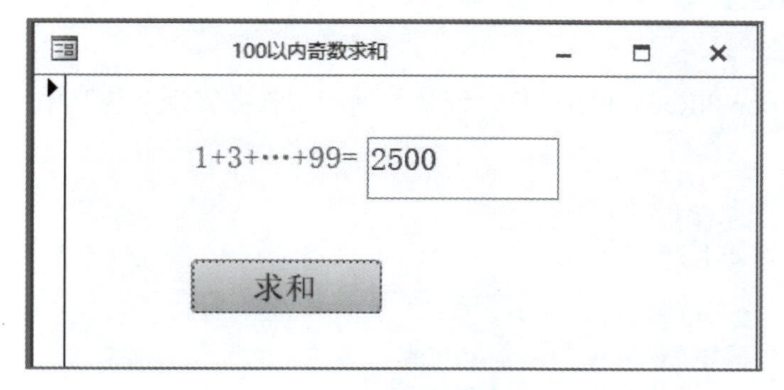

图 7.5 “100 以内奇数求和”窗体

实验7.5 VBA子过程和函数

1. 实验内容

定义一个函数，实现对两个数求和。

2. 操作步骤

（1）创建一个如图7.6所示名为“求和”的窗体。

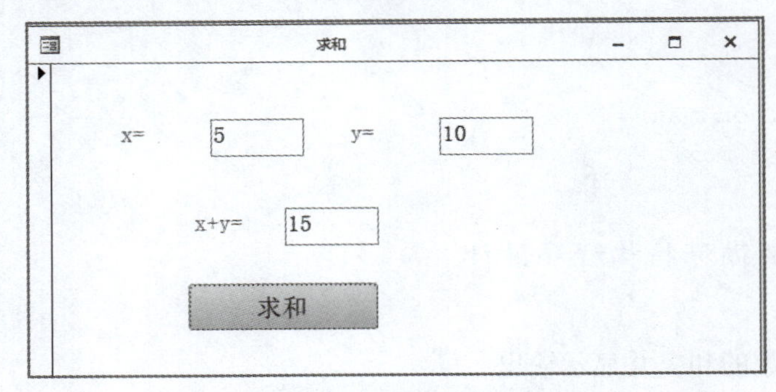

图 7.6 “求和”窗体

（2）在窗体中添加控件，Text1和Text2显示参与求和的两个数；单击“求和”按钮，实现两个数的求和并显示在Text3中。

（3）在代码窗口编写代码实现函数和命令按钮的单击事件，函数sum()的代码如下：

```
Public Function sum(x As Integer, y As Integer) As Integer
sum = x + y
End Function
```

命令按钮的单击事件代码如下：

```
Private Sub Cmd_Click()
Dim x As Integer, y As Integer
x = Text1.Value: y = Text2.Value
Text3.Value = sum(x, y)
End Sub
```

实验7.6 VBA数据库编程

1. 实验内容

利用Connection和RecordSet对象，统计数据库“教务管理系统”中“学生”表中记录的个数。

2. 操作步骤

实现程序代码如下：

```
Private Sub CountRecord ( )
  Dim cn as ADODB.Connection
  Dim rs as ADODB.RecordSet
  Set cn=New ADODB.Connection
  Set rs=New ADODB.RecordSet
  cn.Open CurrentProject.Connection
  rs.ActiveConnection=cn                          '将 RecordSet 连接到当前数据库
  rs.Open "select * from 学生 "                   '打开学生记录集
  Debug.Print rs ( " 学号 " )                     '打印第一条记录的学号
```

```
    rs.MoveLast
    Debug.Print rs("学号")                    '打印最后一条记录的学号
    Debug.Print rs.RecordCount                '打印记录的个数
    rs.close
    cn.close
    Set rs=Nothing
    Set cn=Nothing
End Sub
```

练习与拓展

1. 2019上半年安徽省计算机水平考试模拟系统第四套考生文件夹下有一个Sample4.mdb数据库，已经设计“考生成绩”表和“考生成绩查询”窗体，窗体样式如图7.7所示。

请按以下要求设计相关事件代码：

（1）单击“查询”按钮，根据输入的准考证号在“考生成绩”表中查询记录，将结果显示在相应文本框中，证书等级根据公式“成绩＝笔试*40%+机试*60%”进行判断，成绩超过80分为优秀，在60到79分之间为合格，60分以下为不合格。若输入的准考证号不在“考生成绩”表中，则在证书等级文本框中显示“查无此人！”，其他文本框为空。

提示：有关对象变量的定义、表的连接与关闭代码已经设计。

（2）单击“退出”按钮，关闭“考生成绩查询”窗体。

2. 2019上半年安徽省计算机水平考试模拟系统第五套考生文件夹下有一个Sample4.mdb数据库，已经设计“开支明细”表和“开支统计”窗体，窗体样式如图7.8所示。

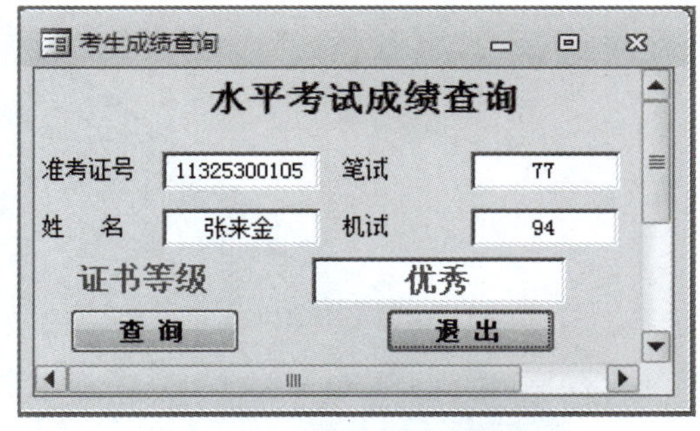

图 7.7 “考生成绩查询”窗体

图 7.8 “开支统计”窗体

请按以下要求设计相关代码：

（1）单击“确定”按钮，根据组合框中指定的月份显示“开支明细”表中各项开支数据，统计当月开支总额并显示在Text5文本框中。

提示：有关对象变量的定义、表连接与关闭代码已经设计。

（2）单击“退出”按钮，关闭“开支统计”窗体。

第二部分

考试指导

全国高等学校（安徽考区）计算机水平考试（二级 Access数据库程序设计）教学（考试）大纲。

一、课程基本情况

课程名称：Access 数据库程序设计

课程代号：253

先修课程：计算机应用基础

参考学时：48学时（理论24学时，上机实验24学时）

考试安排：每年两次考试，一般安排在学期期末

考试方式：机试

考试时间：90分钟

机试环境：Windows 10 + Access 2016

设置目的：

Access 是一款功能强大的桌面关系型数据库管理系统。它既具有典型的Windows 应用程序风格，又具备可视化及面向对象等特点，是当前开发和应用小型数据库的标准选择。通过本课程的学习，可以使学生了解面向对象技术的基本概念与应用方法，掌握创建、编辑Access数据库对象的基本方法，从而培养学生的数据库设计、开发与维护能力以及初步的程序设计与编写能力，为后续课程的学习和计算机应用奠定良好的基础。

二、课程内容与考核目标

第1章　数据库基础知识

（一）课程内容

数据处理技术简介，数据库系统的组成与特点，数据模型，关系数据库，Access 的打开与关闭，Access 的使用环境。

（二）考核知识点

数据库的基本概念，数据处理技术的发展历程，数据库系统的组成与特点，数据模型，关系数据库理论及基本关系运算，关系数据库设计，数据的完整性，Access的启动和退出方法，Access 的使用环境。

（三）考核目标

了解：数据处理技术的发展历程，数据库系统的组成与特点，Access的使用环境。

理解：数据模型的相关概念，关系数据库，关系运算。

掌握：数据库基础知识，Access 的启动与退出方法。

（四）实践环节

1．类型

演示、验证。

2．目的与要求

掌握启动和退出 Access的常用方法，熟悉Access 的使用环境与帮助系统。

第2章 数据库与表

（一）课程内容

创建数据库，创建表，编辑表，使用表，表间关系及建立。

（二）考核知识点

创建数据库的方法，创建表的方法，创建表结构，表的视图，设置字段的属性，输入记录，表的常见应用，修改表结构，编辑表内容，调整表的外观，主键的作用及创建，建立表之间的关系。

（三）考核目标

了解：调整表外观的方法。

理解：主键的作用，表间关系。

掌握：创建数据库，创建表，修改表，表的视图，创建表间关系，表的编辑与使用。

（四）实践环节

1. 类型

验证、设计。

2. 目的与要求

掌握创建数据库、数据表以及建立表关系的方法，能够正确设置和修改表字段的类型、属性。

第3章 数据查询

（一）课程内容

查询的概念，查询创建方法，查询设计器的使用，查询的分类。

（二）考核知识点

查询的功能、视图、分类和条件，用向导创建查询，用设计器创建选择查询、交叉表查询、参数查询、操作查询（生成表查询、追加查询、删除查询、更新查询）和SQL查询，查询中进行计算，查询的修改、运行，常用的SQL命令。

（三）考核目标

了解：查询的功能和分类，SQL命令语法结构。

理解：交叉表查询，SQL命令的作用。

掌握：查询的视图和条件，查询设计器的使用方法，各类查询的创建与使用。

（四）实践环节

1. 类型

验证、设计。

2. 目的与要求

掌握各种查询的创建与修改方法，能够正确使用查询设计器。

第4章 窗体

（一）课程内容

窗体的概念，窗体的创建和修改，窗体控件的使用，窗体和控件的属性，窗体的布局，定制系统控制窗体。

（二）考核知识点

窗体的概念和作用，窗体的类型，窗体的视图与结构，窗体的创建方法，窗体中控件的使用，窗体和控件的属性。

（三）考核目标

了解：窗体的组成和布局，窗体的类型。

理解：窗体的概念，窗体设计器每个节的作用。

掌握：创建窗体的方法，窗体的视图，常用控件的使用，窗体和控件的属性、事件。

（四）实践环节

1. 类型验证、设计。

2. 目的与要求

掌握各种类型窗体创建与修改的方法，能够正确使用和布局常用控件，掌握窗体和控件属性的设置方法。

第5章　报表

（一）课程内容

报表的基本概念与组成，建立报表，报表中记录的排序和分组，使用计算控件，编辑报表。

（二）考核知识点

报表的概念、作用、视图和组成，建立报表的方法，添加计算字段，报表统计计算，报表常用函数，记录的排序与分组，编辑报表。

（三）考核目标

了解：报表的组成，报表的视图，报表与窗体的区别。

理解：报表设计器每个节的作用，报表常用函数。

掌握：建立报表的方法，报表中计算控件的使用，报表中记录的排序和分组。

（四）实践环节

1. 类型

验证、设计。

2. 目的与要求

掌握创建报表的各种方法，能够自由地设计报表并使用计算控件对数据进行统计汇总。

第6章　宏

（一）课程内容

宏的基本概念，宏的建立，宏的编辑，宏的运行，常用宏在 Access 中的具体使用。

（二）考核知识点

宏的功能，宏的分类，创建宏，常用宏命令。

（三）考核目标

了解：宏的基本概念、作用和种类。

理解：宏参数的含义。

掌握：序列宏、条件宏、宏组的创建和运行方法，常用宏命令。

（四）实践环节

1. 类型

验证、设计。

2. 目的与要求

掌握序列宏、宏组及条件宏的建立和修改方法，能够在窗体或其他数据库对象中正确地调用宏命令。

第7章　程序设计基础

（一）课程内容

VBA编程环境，VBA的数据类型，变量与函数，表达式，程序基本结构，面向对象程序设计概念，事件触发过程的处理方法。

（二）考核知识点

VBA 的基本概念，VBA编辑器的使用，数据类型，变量的声明，常用函数，表达式，程序的基本结构，面向对象的VBA编程，窗体中的事件及事件处理过程，VBA 程序的调试。

（三）考核目标

了解：VBA 的基本概念，面向对象的VBA 编程，变量声明的方法。

理解：数据类型，常用函数，表达式。

掌握：程序的基本结构，语句格式，程序设计的一般方法，窗体中的事件及事件处理过程。

（四）实践环节

1. 类型

验证、设计。

2. 目的与要求

掌握程序的3种基本结构及相关语句的格式，能够正确选择窗体中的事件并编写简单的事件过程。

第8章　模块

（一）课程内容

模块、对象、过程等基本概念，模块的分类和调用，参数传递，面向对象的相关知识，模块中异常控制，模块在窗体和报表中的应用。

（二）考核知识点

模块的概念，模块的分类和创建，函数、过程的概念，参数的传递，模块在窗体和报表中的应用。

（三）考核目标

了解：参数传递方法及模块的应用，程序调试的步骤与方法。

理解：模块的基本概念。

掌握：模块的分类以及建立和调用的方法。

（四）实践环节

1. 类型

验证、设计。

2. 目的与要求

掌握模块建立和调用的方法。

第9章　创建数据库应用程序

（一）课程内容

Access 应用程序简介，创建 Access应用程序，发布、管理和维护应用程序。

（二）考核知识点

Access 创建应用程序的一般过程，Access 中窗体、报表、页、宏、模块的综合应用，数据库的一些实用工具和安全管理。

（三）考核目标

了解：Access 项目的基本概念及创建项目的基本过程与方法。

理解：窗体、报表、页、宏、模块等对象在项目开发中的应用。

掌握：应用程序发布、管理和维护的常用方法。

（四）实践环节

1. 类型

验证、设计。

2. 目的与要求

掌握应用程序的设计、实现与发布以及数据库安全管理的基本方法。

三、考试试题类型

题目类型如下：

课程代码	题　型	题　数	每题分值	总 分 值	题目说明
253	单项选择题	20	1	20	Access 数据库基础知识
	基本操作题	1	20	20	建立并维护数据表
	简单应用题	1	25	25	创建各种查询
	综合应用题	1	20	20	创建窗体、报表和宏
	编程题	1	15	15	编程应用

第三部分

模拟题及部分参考答案

全国高等学校（安徽考区）计算机水平考试（二级Access数据库程序设计）考试大纲模拟题。

模拟题及部分参考答案1

一、单项选择题（每题1分，共20分）

1. 下列选项中，不属于数据库系统组成的是________。
   A. 数据库（DB）　　B. 数据库管理系统（DBMS）
   C. 数据库管理员　　D. 操作系统
2. 一间宿舍可住多个学生，则宿舍和学生之间的实体联系属于________。
   A. 多对多　　B. 一对一　　C. 一对多　　D. 无联系
3. 以下关于关系的描述中，错误的是________。
   A. 从直观上看，一个关系就是一个二维表
   B. 关系中的元组就是二维表中的行，在一个关系中可以有两个相同的元组
   C. 关系中的属性就是二维表中的列，同一列的数据类型必须相同
   D. 在关系数据库中，一个关系就是数据库中的一个表
4. 在数据表视图中，不能________。
   A. 设置字段的输入掩码　　B. 修改字段的名称
   C. 删除一个字段　　D. 删除一条记录
5. 下列关于自动编号型字段的叙述，错误的是________。
   A. 每次添加新记录时，系统会自动插入一个唯一的顺序号
   B. 自动编号型字段中的值与记录是永久的连接
   C. 可以对自动编号型字段的值重新编排
   D. 自动编号型字段占4个字节的存储空间
6. 下列关于主键字段的叙述，错误的是________。
   A. 数据库中的每个表都必须有一个主键字段
   B. 主键字段值是唯一的
   C. 主键可以是一个字段，也可以是一组字段
   D. 主键字段中不允许出现重复值或空值
7. 下列各种类型的数据文件中，不可以导入到Access数据库的是________。
   A. HTML文档　　B. 文本文件　　C. Word文档　　D. Excel文件
8. 下列叙述错误的是________。
   A. 查询的种类有：选择查询、参数查询、交叉查询、操作查询和SQL查询
   B. 查询不能实现计算
   C. 查询是从数据表中筛选出符合条件的记录，构成一个新的数据集合
   D. 可以使用函数、逻辑运算符、关系运算符创建复杂的查询
9. 若要查询某字段值为“ABC”的记录，则在查询设计器对应字段条件行中输入的

表达式，错误的是________。

A. "ABC"　　B. "*ABC*"　　C. ABC　　D. Like"ABC"

10. SQL查询中使用HAVING时，必须配合使用的命令是________。

A. ORDER BY　　B. GROUP BY　　C. FROM　　D. WHERE

11. 在Access中，利用窗体不可以对表中数据进行的操作是________。

A. 显示数据　　B. 编辑数据　　C. 修改数据格式　　D. 输入数据

12. 若要使某个文本框在窗体运行时隐藏，则可以将该文本框的________属性设置为“否”。

A. 可见　　B. 可用　　C. 默认值　　D. 是否锁定

13. 在“招生信息”报表中，已知某个文本框的“控件来源”属性为“出生日期”字段，若希望在报表视图下仅显示出生日期的年份和月份，可以将该文本框的“格式”属性设置为________。

A. yyyy/mm　　B. 长日期　　C. 中日前　　D. 短日期

14. 宏操作命令OpenQuery的功能是________。

A. 打开指定的表　　B. 打开指定的查询

C. 打开指定的报表　　D. 打开指定的窗体

15. 已知Chr(67)的值是"C"，则Chr(68)的值是________。

A. "A"　　B. "B"　　C. "D"　　D. "E"

16. 执行以下程序段后，变量t的值是________。

```
x =5 : y=-5
If Abs(x) > Abs(y) Then
  t = x
Else
  t = y
End If
```

A. 5　　B. -5　　C. x　　D. y

17. 执行以下程序段后，变量x的值是________。

```
x = 1 : x = x + 1
Select Case x
  Case 1
     x = x + 1
  Case 2
     x = x + 2
  Case 3
     x = x + 3
  Case Else
     x = 0
End Select
```

A. 1　　B. 2　　C. 4　　D. 0

18. 以下选项中，不可能作为Do While语句循环条件表达式的是________。

A. 2+3　　B. 2>3　　C. 2=3　　D. 2 != 3

19. 运行以下代码后，变量x的值是________。

```
Dim a(4) As Integer
For i = 1 to 3
    a(i) = i
Next
x = a(0) + a(2)
```

A. 1　　B. 2　　C. 3　　D. 4

20. 能被“对象所识别的动作”和“对象可执行的活动”分别称为对象的________。

A. 方法和事件　　B. 事件和方法　　C. 事件和属性　　D. 过程和方法

答案：

1	2	3	4	5	6	7	8	9	10
D	C	B	A	C	A	C	B	B	B
11	12	13	14	15	16	17	18	19	20
C	A	A	B	C	B	C	D	B	B

二、基本操作题（共20分）

1. 在Sample1.accdb数据库中创建一个“参赛成绩”表（结构如下）：

字段名称	数据类型	字段大小	备　注
届次	数字	整型	主键
参赛队	短文本	20	主键
成绩	短文本	6	

2. 在“参赛成绩”表中，设置“成绩”字段的验证规则为“冠军”或“亚军”或“季军”或“四强”或“八强”，验证文本为“参赛成绩填写不规范！”。

3. 在“参赛成绩”表中，添加两条记录（18，意大利，冠军）和（20，阿根廷，亚军）；设置字体为“楷体”“加粗”。

4. 将“参赛成绩.txt”文件中的数据导入到“参赛成绩”表中，在向导对话框中选择“向表中追加一份记录的副本”。

5. 通过相关字段建立“参赛成绩”表和“参赛队伍”表之间的关系，同时实施参照完整性并实现级联更新相关字段。

三、简单应用题（共25分）

考生文件夹下有一个Sample2.accdb数据库，已经设计“客房信息”表、“入住登记”表。创建并运行以下查询：

1. 创建一个名为SQ1的选择查询，查找2023年客房入住的信息，依次显示“姓名”、“性别”、“房号”和“入住时间”四个字段，并按“入住时间”降序排序。

2. 创建一个名为SQ2的参数查询，按照输入的房号查找登记入住的顾客信息，依次显示“姓名”、“房号”、“入住时间”和“房价”四个字段，当运行该查询时，提示框显示“请输入房号”。

3. 创建一个名为SQ3的交叉表查询，统计男女顾客入住不同房型的人次数，行标题为“性别”，列标题为“房型”，交叉点的值为入住人次数。

4. 创建一个名为SQ4的生成表查询，将每个客房的收入信息存入“客房收入”表中，依次包含“房号”和“总收入”两个字段，其中“总收入”字段的值是由“房价*(退房时间-入住时间)”汇总得到。

5. 创建一个名为SQ5的SQL查询，查找所有男性顾客的入住登记信息，依次显示“姓名”、“身份证号”、“入住时间”和“房号”四个字段。

四、综合应用题（共20分）

考生文件夹下有一个Sample3.accdb数据库，已经设计“比赛成绩”表、“赛程”表、“运动员信息”表和“比赛结果汇总”报表。请按以下要求完成相关操作：

1. 在“比赛结果汇总”报表页眉节中，添加一个名为BQ的标签对象，设置标题为“首届校运动会初二年级组比赛结果”，字号为20，字体颜色为“标准色红色”，字体粗细为“加粗”，宽度为12 cm，文本对齐方式为“居中”，相对于窗体左边界的水平距离为4 cm。

2. 创建一个名为Micro的宏，功能为关闭当前窗体，同时打开“比赛结果汇总”报表。

3. 以“运动员信息”表、“赛程”表和“比赛成绩”表为数据源，利用向导创建一个名为“比赛结果管理”的纵栏表窗体，依次显示“姓名”、“性别”、“所属班级”、“项目名称”、“比赛成绩”和“成绩排名”六个字段信息，查看数据的方式为“通过比赛成绩”。

4. 在“比赛结果管理”窗体中，隐藏记录选择器和分割线；设置窗体页眉节中标签对象的背景样式为“常规”，特殊效果为“阴影”，宽度为5 cm；在窗体主体节中，添加一个名为Cmd的命令按钮，标题为“打开报表”，单击事件为运行Micro宏。

五、编程题（共15分）

考生文件夹下有一个Sample4.accdb数据库，已经设计“猴子吃桃”窗体，其效果如下图所示。

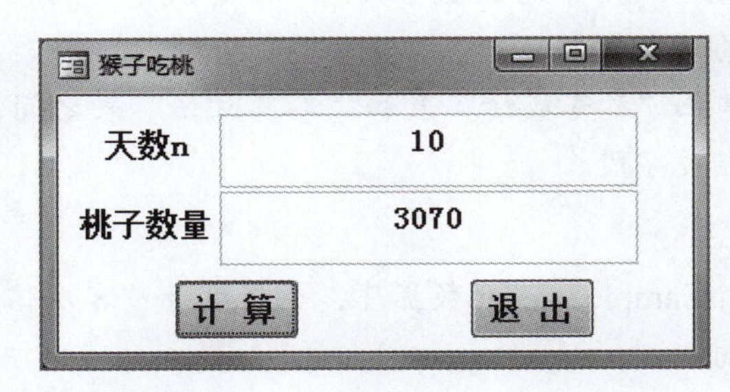

请按以下要求编写相关事件代码：

1. 在文本框TxtN中输入天数*n*，单击“计算”按钮，求*n*天之前桃子的数量并显示在文本框TxtS中。

说明：猴子吃桃的规律是每天要吃掉桃子数量的一半还多一个，经过*n*天以后，发现只剩下一个桃子。

2. 单击“退出”按钮，关闭“猴子吃桃”窗体。

相关事件参考代码如下：

```
Option Explicit
Private Sub Cmdl_Click()
  Dim n As Integer,s As Integer, i As Integer
  n = Val(TxtN)
  s =1
  For i=n To 1 Step -1
    s = (s+1)*2
    Next
    TxtS = s
  End Sub
  Private Sub Cmd2_Click()
    DoCmd.Close
End Sub
```

模拟题及部分参考答案 2

一、单项选择题（每题1分，共20分）

1. 下列有关数据库的描述最准确的是________。

   A. 以一定的组织结构保存在辅助存储器中的数据集合

   B. 一些数据的集合

   C. 辅助存储器上的一个文件

   D. 磁盘上的一个数据文件

2. 在数据库设计中，将E-R图转换成关系数据模型的过程属于________。

   A. 需求分析阶段　　B. 概念设计阶段

   C. 逻辑设计阶段　　D. 物理设计阶段

3. 关系模型允许定义3类数据约束，其中不包括________。

   A. 列级完整性约束　　B. 用户自定义的完整性约束

   C. 参照完整性约束　　D. 实体完整性约束

4. 下列关于Access数据库对象的描述中，错误的是________。

   A. 查询可以分析数据、追加、更改、删除数据

   B. 宏是一个或多个操作命令的集合，其中每个命令实现一个特定的操作

   C. 窗体可以显示表或查询中的数据，但不可以接受用户输入的数据

   D. 报表主要用于显示和打印数据

5. 下列关于货币数据类型的叙述中，错误的是________。

   A. 货币型字段在数据表中占8个字节的存储空间

   B. 货币型字段可以与数字型数据混合计算

   C. 向货币型字段输入数据时，系统自动将其设置为5位小数

   D. 向货币型字段输入数据时，不必输入人民币符号和千位分隔符

6. 关于Access数据表中的主键，下列说法错误的是________。

A. 主键字段可以是任意类型　　B. 主键字段的值不能重复

C. 主键可以是一个或者多个字段　　D. 主键字段中不允许有空值

7. 在Access数据表视图中，设置表中数据的对齐方式，一般在“开始”选项卡下________组中进行。

A. 视图　　B. 文本格式　　C. 设置数据表格式　D. 记录

8. 在Access中，根据对数据源操作方式和操作结果的不同，可以将查询分为多种类型，其中不包括________。

A. 选择查询　　B. 总计查询　　C. 参数查询　　D. SQL查询

9. 在查询设计视图中，若要查找姓名中包含“李”字的相关人员信息，那么在设置“姓名”字段的查询条件时，最准确的表达式应该是________。

A. Like "李"　　B. Like "李*"　　C. Like "*李"　　D. Like "*李*"

10. 使用SELECT语句对查询结果进行排序，该语句应包含________子句。

A. INTO　　B. GROUP BY　　C. ON　　D. ORDER BY

11. 既能预览显示结果，又能对控件进行编辑的窗体对象视图是________。

A. 数据表视图　　B. 布局视图　　C. 透视图　　D. 设计视图

12. 在报表设计过程中，不适合添加________控件。

A. 标签　　B. 图像　　C. 文本框　　D. 组合框

13. 若希望在报表每一页的顶部都输出相同信息，那么需要将这些信息设置在________节。

A. 报表页眉　　B. 报表页脚　　C. 页面页眉　　D. 页面页脚

14. 在Access中，可以将宏自动转换为________或类模块。

A. VBA模块　　B. 过程　　C. 函数　　D. 应用程序

15. 表达式123+Mid("123456",3,2)的结果是________。

A. 123　　B. 12334　　C. 157　　D. "12334"

16. 执行以下程序段后，变量x的值是________。

```
x = 2020 : y = 100
If y = 100  Then x = x - 1
If y <= 100 Then x = x - 1
If y >= 100 Then x = x - 1
```

A. 2020　　B. 2019　　C. 2018　　D. 2017

17. 在VBA中，Select必须与________配对使用。

A. End If　　B. End Select　　C. Loop　　D. Case Else

18. 在Do循环语句中，条件表达式的数据类型是________。

A. Boolean　　B. Integer　　C. String　　D. Date

19. 运行以下过程代码，消息框中显示的内容是________。

```
Private Sub p()
```

```
    a = 3
    b = a\2
    MsgBox b
  End Sub
```

A. 0　　B. 1　　C. 1.5　　D. 2

20. 在Access中，ODBC的含义是________。

A. 开放式数据库互连　　B. 数据库访问对象

C. Active数据对象　　D. 数据库动态链接库

答案：

1	2	3	4	5	6	7	8	9	10
A	C	A	C	C	A	B	B	D	D
11	12	13	14	15	16	17	18	19	20
B	D	C	A	C	D	B	A	B	A

二、基本操作题（共20分）

考生文件夹下有一个Sample1.accdb数据库。请按以下要求完成相关操作：

1. 在“维修人员信息”表中，设置字体为“楷体”，字号为16。

2. 在“维修人员信息”表中，将“联系电话”字段的名称修改为“手机号码”，字段大小修改为11；将“维修人员编号”字段设置为主键。

3. 在“报修记录”表中，设置“状态”字段的默认值为“待分配”，验证规则为“待分配”或“已分配”或“已处理”，验证文本为“状态填写不规范”。

4. 将“维修人员信息”表导出到考生文件夹中，并命名为“维修人员信息.xlsx”。

5. 通过相关字段建立“维修人员信息”表与“报修记录”表之间的关系，同时实施参照完整性。

三、简单应用题（共25分）

考生文件夹下有一个Sample2.accdb数据库，已经设计“店铺”表和“商品”表。创建并运行以下查询：

1. 创建一个名为SQ1的选择查询，从“店铺”表中查找用户评价分数在“9.8分及以上”的所有店铺信息，依次显示“店铺名称”、“开店时间”和“用户评价分数”三个字段。

2. 创建一个名为SQ2的参数查询，按照输入的商品名称查找商品信息，依次显示“商品名称”、“店铺名称”、“价格”和“月销量”四个字段，当运行该查询时，提示框显示“请输入商品名称”。

3. 创建一个名为SQ3的交叉表查询，统计不同年份不同地区开设店铺的数量，以“年份”为行标题，“地区”为列标题，交叉点的值为店铺数量。（提示：使用Year函数获取年份值）

4. 创建一个名为SQ4的操作查询，将“好评度”为100%的商品信息显示到名为“好评商品”的新表中，该表依次包含“商品名称”、“店铺名称”、“价格”和“月销量”四个字段。

5. 创建一个名为SQ5的SQL查询，将“商品”表中每种商品的“价格”上调10%。

四、综合应用题（共20分）

考生文件夹下有一个Sample3.accdb数据库，已经设计“发件人”表、“收件人”表、“配送信息”表、“配送员”表和“配送信息管理”窗体。请按以下要求完成相关操作：

1. 以“配送信息”表为数据源，利用向导创建一个名为“配送信息”的报表，依次输出“快递单号”、“发货日期”、“配送状态”和“快递公司”四个字段信息，分组级别为“快递公司”，按照“发货日期”字段降序排序。

2. 在“配送信息”报表的快递公司页脚节中，添加一个文本框，实现统计并显示每个快递公司配送的快递数量，相应标签的标题为“快递数量”。

3. 创建一个名为Micro的宏，功能为打印“配送信息”报表，同时弹出一个消息框，消息文本为“报表已打印！”。

4. 在“配送信息管理”窗体页眉节中，添加一个名为PS的标签，标题为“配送信息管理系统”，字体为“黑体”，字号为18，特殊效果为“蚀刻”；在主体节中，将DH文本框更改为“组合框”，并设置其控件来源为“配送信息”表中“快递单号”字段，文本对齐方式为“居中”；将“删除信息”按钮设置为不可用；将“打印用户信息”按钮的单击事件设置为运行Micro宏。

五、编程题（共15分）

考生文件夹下有一个Sample4.accdb数据库，已经设计“计算公约数”窗体，其效果如下图所示。

请按以下要求编写相关事件代码：

1. 在文本框Text1和Text2中分别输入一个任意正整数，当单击“计算”按钮时，标签Label中会显示两数的最大公约数。

要求：必须使用For循环语句。

2. 单击“退出”按钮，关闭“计算公约数”窗体。

相关事件参考代码如下：

```
Private Sub Cmd1_Click()
  Dim a As Integer
  For a= Text1.Value To 1 Step -1
```

```
    If Text1.Value Mod a=0 And Text2.Value Mod a=0 Then Exit For
  Next
  Label.Caption = a
End Sub
Private Sub Cmd2_Click()
  DoCmd.Close
End Sub
```

模拟题及部分参考答案3

一、单项选择题（每题1分，共20分）

1. 在数据管理技术的发展过程中，________阶段的数据独立性最高。

A. 人工管理　　B. 文件系统　　C. 数据项管理　　D. 数据库系统

2. 用E-R图来描述现实世界中复杂事物及事物间联系的模型是________。

A. 物理模型　　B. 数据模型　　C. 概念模型　　D. 逻辑模型

3. 从一个关系中选取若干属性，组成一个新的关系，这种运算称为________。

A. 连接　　B. 选择　　C. 投影　　D. 组合

4. 下列关于Access的叙述，错误的是________。

A. Access是关系数据库管理系统

B. Access提供了“所见即所得”的设计环境

C. Access不兼容Excel文件

D. Access提供面向对象的集成开发环境

5. 下列选项中，不符合Access字段命名规则的是________。

A. STUDENT　　B. 姓名　　C. STUDENT.C　　D. A_1

6. “学生”表中有姓名、学号、性别、班级等字段，其中最适合作为主关键字的是________。

A. 姓名　　B. 学号　　C. 性别　　D. 班级

7. 在Access数据表视图中，选中某行调整该行的行高为20，下列选项正确的是________。

A. 仅选中行的行高调整为20　　B. 所有行的行高调整为20

C. 非选中行的行高调整为20　　D. 所有行的行高没有发生变化

8. 下列关于查询对象的数据源描述正确的是________。

A. 只能是一个或多个表　　B. 只能是一个或多个查询

C. 既可以是表，也可以是查询　　D. 以上说法都不对

9. 在查询中要统计记录个数，使用的函数是________。

A. COUNT()　　B. SUM()　　C. MAX()　　D. AVG()

10. 在Access中，若要创建一个名称为“图书”的表，应使用的SQL命令是________。

A. DELETE TABLE 图书　　B. DROP TABLE 图书

C. ALTER TABLE 图书　　D. CREATE TABLE 图书

11. 窗体由多个节组成，其中不包括________节。

A. 主体　　B. 组页脚　　C. 页面页脚　　D. 窗体页脚

12. 以下选项中，不属于标签控件具有的属性是________。

A. 名称　　B. 标题　　C. 背景色　　D. 控件来源

13. 在报表中，要计算“数学”字段的最低分，应将控件的“控件来源”属性设置为________。

A. =Min([数学])　　B. =Min(数学)　　C. =Min[数学]　　D. Min(数学)

14. 打开一个指定窗体的宏操作命令是________。

A. OpenForm　　B. OpenQuery　　C. OpenTable　　D. OpenModule

15. 下列各项中，可以将变量a和变量b的值互换的是________。

A. a=b : b=a　　B. a=c : c=b : b=a

C. c=a : a=b : b=c　　D. a=(a+b)/2: b=(a-b)/2

16. 运行以下过程代码，消息框中显示的内容是________。

```
Private Sub sub1()
  x = 2018
  If x/2 = x\2 Then
       MsgBox x & "是偶数！"
  Else
       MsgBox x & "是奇数！"
  End If
End Sub
```

A. 2018是偶数！　　B. 2018是奇数！

C. x是偶数！　　D. x是奇数！

17. 执行以下程序段后，变量y的值不可能是________。

```
x = 20 + Int(Rnd * 10)
Select Case x
  Case 0 TO 20
     y = 1
  Case Is < 29
     y = 2
  Case 30
     y = 3
  Case Else
     y = 0
End Select
```

A. 0　　B. 1　　C. 2　　D. 3

18. 由“For A = 10 To 1”决定的循环结构被执行________。

A. 9次　　B. 10次　　C. 11次　　D. 0次

19. 对象所识别的动作和可执行的活动分别称为对象的________。

A. 属性和事件　　B. 事件和方法　　C. 事件和属性　　D. 过程和方法

20. 在Access中，DAO的含义是________。

A. 开放式数据库互连
B. 数据库访问对象
C. ActiveX数据对象
D. 数据库动态链接库

答案：

1	2	3	4	5	6	7	8	9	10
D	C	C	C	C	B	B	C	A	D
11	12	13	14	15	16	17	18	19	20
B	D	A	A	C	A	D	D	B	B

二、基本操作题（共20分）

考生文件夹下有一个Sample1.accdb数据库和一个工资.xlsx文件。请按以下要求完成相关操作：

1. 在Sample1.accdb数据库中创建一个“教工”表（结构如下）；设置“教工号”字段为主键；设置“姓名”字段为必需，并且不允许空字符串。

字段名称	数据类型	字段大小
教工号	短文本	5
部门名称	短文本	10
姓名	短文本	4
性别	短文本	1
工作时间	日期 / 时间	

2. 在“教工”表中，添加两条记录（01001，数学系，王家娟，女，2002/8/8）和（01202，计算机系，曹富国，男，2010/3/7）。

3. 将工资.xlsx文件导入到“工资”表，在“向导”对话框中，选择“第一行包含列标题”，并将“编号”字段定义为主键，其余操作均选择默认。

4. 在“工资”表中，将“月”字段的字段大小修改为“整型”，验证规则设置为1到12之间（含1和12），验证文本设置为一年只有12个月。

5. 通过相关字段建立“教工”表和“工资”表之间的关系，同时实施参照完整性。

三、简单应用题（共25分）

考生文件夹下有一个Sample2.mdb数据库，已经设计“住户”表和“物业费”表。创建并运行以下查询：

1. 创建一个名为SQ1的选择查询，查找住户“任才兵”的物业费信息，依次显示“住户姓名”、“缴费日期”和“缴费金额”三个字段。

2. 创建一个名为SQ2的参数查询，按照输入的住户编号查找住户信息，依次显示“住户编号”、“住户姓名”、“房型”和“建筑面积”四个字段，当运行该查询时，提示框显示“请输入住户编号”。

3. 创建一个名为SQ3的交叉表查询，统计不同楼号每位住户缴纳的物业费总金额，以“楼号”为行标题，“住户编号”为列标题，交叉点的值为物业费总金额。

4. 创建一个名为SQ4的操作查询，删除“住户”表中住户姓名为“陈晨”的记录。

5. 创建一个名为SQ5的SQL查询，查找“购买日期”在2018年1月1日之后的住户信息，依次显示“住户姓名”、“房型”和“购买日期”三个字段。

四、综合应用题（共20分）

考生文件夹下有一个Sample3.accdb数据库，已经设计“单位”表、“实习”表和“实习信息管理”窗体。请按以下要求完成相关操作：

1. 以“单位”表和“实习”表为数据源，利用向导创建一个名为“实习信息”的报表，依次输出“姓名”、“专业”、“实习单位”、“开始时间”和“结束时间”五个字段信息，查看数据的方式为“通过实习”，分组级别为“专业”。

2. 在“实习信息”报表的页面页眉节中添加一个标签，标题为“实习天数”；在主体节中，添加一个名为Sxts的文本框，实现显示每个学生的实习天数，文本对齐方式为“居中”。（实习天数=结束时间－开始时间）

3. 创建一个名为Micro的宏，功能为打开“实习”表，同时弹出一个消息框，消息文本为“实习信息已显示！”。

4. 在“实习信息管理”窗体的主体节中，利用向导插入一个名为Comb的组合框，其值来自“单位”表的“实习单位”字段，相应标签的标题为“请选择实习单位”；将“查看实习信息”按钮的单击事件设置为运行Micro宏；将“打印实习信息”按钮的宽度和高度分别设置为4cm和1cm。

五、编程题（共15分）

考生文件夹下有一个Sample4.accdb数据库，已经设计“闰年个数”窗体，其效果如下图所示。

请按以下要求编写相关事件代码：

1. 在文本框TxtY1和TxtY2中输入两个整数，单击“统计”按钮，计算这两个年份之间有多少个闰年，并将结果显示在文本框TxtC中。

提示：已经定义有闰年判断函数leap(y)，在事件代码中必须使用leap(y)进行闰年判断。

2. 单击“退出”按钮，关闭“闰年个数”窗体。

相关事件参考代码如下：

```
Option Explicit
```

```
Private Sub Cmd1_Click()
  Dim y1 As Integer, y2 As Integer, count As Integer, i As Integer
  y1 = TxtY1
  y2 = TxtY2
  For i= y1  To y2
    If leap(i) Then count=count + 1
  Next
  TxtC = count
End Sub
Private Sub Cmd2_Click()
  DoCmd.Close
End Sub
```

模拟题及部分参考答案 4

一、单项选择题（每题1分，共20分）

1. 数据库系统的核心是________。

   A. 表　　B. 数据库

   C. 数据库管理系统　　D. 数据库管理员

2. 在E-R图中，椭圆用于表示________。

   A. 实体　　B. 实体间的联系　　C. 属性　　D. 外部关键字

3. 在关系数据库中，唯一确定表中每条记录的字段或字段组合称为________。

   A. 元组　　B. 域　　C. 主键　　D. 属性

4. Access数据库是________。

   A. 图形数据库　　B. 文件数据库

   C. 层次型数据库　　D. 关系型数据库

5. 下列关于字段属性操作的叙述，正确的是________。

   A. 减小文本型的字段大小，不会丢失数据

   B. 更改字段的数据类型，不会丢失数据

   C. 单精度型字段更改为长整型时，自动将小数取整

   D. 单精度型字段更改为整型时，Access将出错

6. 下列关于输入掩码属性的叙述中，正确的是________。

   A. 可以使用向导定义各种类型字段的输入掩码

   B. 可在需要控制数据输入格式时选用输入掩码

   C. 只能设置文本和日期/时间两种类型字段的输入掩码

   D. 日期/时间型字段不能使用规定的字符定义输入掩码

7. 在Access中对表进行“筛选”操作的结果是________。

   A. 从数据表中挑选出满足条件的记录

   B. 从数据中挑选出满足条件的记录并生成一个新表

   C. 从数据中挑选出满足条件的记录并输出到一个报表中

D. 从数据中挑选出满足条件的记录并显示在一个窗体中

8. 在Access数据库中，查询的视图方式不包括________。

A. 数据表视图　　B. 设计视图　　C. SQL视图　　D. 布局视图

9. 在查询设计视图下，如果在“身高”字段的条件行中输入表达式“>180 Or <90”，那么表示的含义是________。

A. 从数据源中查找身高超过180并且低于90的相关记录

B. 从数据源中查找身高超过180或者低于90的相关记录

C. 从数据源中查找身高介于180至90之间的相关记录

D. 从数据源中查找身高超过90并且小于180的相关记录

10. 根据关系模型Stud(学号,姓名,性别,专业)，下列SQL语句中存在错误的是________。

A. SELECT * FROM Stud WHERE 专业="计算机"

B. SELECT * FROM Stud WHERE "姓名"=李明

C. SELECT * FROM Stud WHERE 1 <> 1

D. SELECT * FROM Stud WHERE 性别=TRUE

11. 以下有关窗体记录源的叙述中，正确的是________。

A. 只可以来源于表

B. 只可以来源于查询

C. 可以来源于表，但是不可以来源于查询

D. 既可以来源于表，也可以来源于查询

12. 下列选项中，不属于窗体控件的是________。

A. 矩形　　B. 直线　　C. 附件　　D. 椭圆

13. 在“学生信息”报表中，若希望统计学生人数，那么在设置相关对象的“控件来源”属性时，一定不可以使用________。

A. =Count([姓名])　　B. =Count([性别])

C. =Count([学号])　　D. =Count([身份证号])

14. 打开（打印）指定报表的宏命令是________。

A. OpenForm　　B. OpenWindow

C. OpenReport　　D. OpenPrint

15. 下列选项中，符合VBA语法的变量名是________。

A. 4A　　B. A-1　　C. ABC_1　　D. Private

16. 在VBA中，执行以下赋值语句后，变量y的值是________。

```
x = 1
y = switch(x>0,1,x=0,0,x<0,-1)
```

A. −1　　B. 0　　C. 1　　D. NULL

17. 执行以下程序段后，变量y的值是________。

```
x = 10 : y = 0
Select Case x \ 3
```

```
    Case 3
       y = 1
    Case 4
       y = 2
    Case else
       y = 3
End Select
```

A. 0　　B. 1　　C. 2　　D. 3

18. 执行以下程序段后，变量x的值是________。

```
x = 10
Do Until x > 5
  x = x + 1
Loop
```

A. 15　　B. 10　　C. 5　　D. 1

19. 运行以下过程代码，消息框中显示的内容是________。

```
Private Sub p()
  MsgBox 2 = 2 + 1
End Sub
```

A. 2＝2＋1　　B. True　　C. False　　D. 报错

20. 为输出记录集（窗体记录源）的记录数，在下列过程代码括号内应填入的内容是________。

```
Sub GetRecNum()
    Dim rs As Object
    Set rs =【    】
    MsgBox rs.RecordCount
End Sub
```

A. Me.Recordset　　B. Me.RecordLocks

C. Me.RecordSource　　D. Me.RecordSelectors

答案：

1	2	3	4	5	6	7	8	9	10
C	C	C	D	C	B	A	D	B	B
11	12	13	14	15	16	17	18	19	20
D	D	B	C	C	C	B	B	C	A

二、基本操作题（共20分）

考生文件夹下有一个Sample1.accdb数据库。请按以下要求完成相关操作：

1. 在“教师”表中，设置字体为“隶书”，字号为14，行高为20；将“教工号”字段的大小修改为5；在“性别”和“出生日期”字段之间添加一个“是否党员”字段，数据类型为“是/否”。

2. 在“教师”表中，设置“姓名”字段为必需，并且不允许空字符串；设置“性别”字段的默认值为“女”，验证规则为“男”或“女”，验证文本为“请重新输入性别”。

3. 在“教研室”表中，将“编号”字段设置为主键，名称修改为“教研室编号”。

4. 将“教研室”表导出到考生文件夹中，并命名为“教研室.txt”。

5. 通过相关字段建立“教师”表和“教研室”表之间的关系，同时实施参照完整性。

三、简单应用题（共25分）

考生文件夹下有一个Sample2.accdb数据库，已经设计“茶叶品种”表、“品牌”表和“销量”表。创建并运行以下查询：

1. 创建一个名为SQ1的选择查询，查找2000年之后（含）创立的茶叶品牌信息，依次显示“品牌”、“地区”、“公司名称”和“创始年”四个字段，并按照“创始年”降序排序。

2. 创建一个名为SQ2的参数查询，按照输入的品牌查找茶叶销售的信息，依次显示“品牌”、“公司名称”、“销售方式”和“销量”四个字段，当运行该查询时，提示框显示“请输入品牌”。

3. 创建一个名为SQ3的交叉表查询，统计不同品牌不同品种茶叶的总销量，以“品牌”为行标题，“品种”为列标题，交叉点的值为总销量。

4. 创建一个名为SQ4的更新查询，将“销量”表中“下月销售计划”字段的值更改为“销量”字段值的110%。

5. 创建一个名为SQ5的SQL查询，汇总不同地区拥有茶叶品牌的数量，依次显示“地区”和“品牌数量”两个字段。

四、综合应用题（共20分）

考生文件夹下有一个Sample3.accdb数据库，已经设计“考生信息”表、“考研成绩”表和“结果公告”报表。请按以下要求完成相关操作：

1. 在“结果公告”报表页眉节中，添加一个标签，标题为“2023年考研结果公告”，字号为20，字体颜色为“标准色红色”，相对于窗体左边界的水平距离为6 cm；将报表记录按照“综合成绩”字段降序排序；将报表页面页脚节中的TXT文本框更改为“标签”，设置标题为“安徽大学外国语学院”。

2. 创建一个名为Micro的宏，功能为打印“结果公告”报表，同时弹出一个消息框，消息文本为“正在打印报表，请稍后！”。

3. 以“考生信息”表和“考研成绩”表为数据源，利用向导创建一个名为“考研结果管理”的纵栏表窗体，依次显示“姓名”、“性别”、“身份证号”、“综合成绩”和“综合排名”五个字段信息。

4. 在“考研结果管理”窗体中，隐藏记录选择器和分割线；设置窗体页眉节中标签对象的高度为1.3 cm，特殊效果为“阴影”；在窗体主体节中添加一个名为Cmd的命令按钮，标题为“打印报表”，单击事件为运行Micro宏。

五、编程题（共15分）

考生文件夹下有一个Sample4.accdb数据库，已经设计“计算天数”窗体，其效果如下图所示。

请按以下要求编写相关事件代码：

1. 在文本框Text1和Text2中分别输入年份和月份，单击“计算”按钮，判断该月份对应的天数，并将结果显示在标签Label中。

提示：闰年判断的依据为“能被4整除但是不能被100整除；或者能够被400整除的年份”。

2. 单击“退出”按钮，关闭“计算天数”窗体。

相关事件参考代码如下：

```
Option Explicit
Private Sub Cmdl_Click()
  Dim y As Integer, m As Integer, d As Integer
  y= Text1
  m = Text2
  Select Case m
    Case 1,3,5,7,8,10, 12
      d = 31
    Case 4,6,9,11
      d =30
    Case 2
      If y Mod 4 =0 And y Mod 100<>0 Or y Mod 400=0 Then
        d = 29
      Else
        d=28
      End If
  End Select
  Label.Caption=d
End Sub
Private Sub Cmd2_Click()
  DoCmd.Close
End Sub
```

模拟题及部分参考答案5

一、单项选择题（每题1分，共20分）

1. 数据库系统的核心是________。

A. 数据库　　B. 操作系统　　C. 数据库管理系统　　D. 编译系统

2. 在数据库设计过程中，需求分析包括________。

A. 信息需求　　B. 处理需求

C. 安全性和完整性需求　　D. 以上答案都正确

3. 三种基本的关系运算包括________。

A. 选择、等值连接和自然连接　　B. 选择、投影和并运算

C. 投影、选择和连接　　D. 投影、选择和差运算

4. 如果希望打开的数据库文件能够为网上其他用户共享，但只能浏览数据，那么应该选择打开库文件的方式为________。

A. 以独占方式打开　　B. 以独占只读方式打开

C. 以只读方式打开　　D. 打开

5. 下列关于字段操作的叙述，正确的是________。

A. 减少文本型字段的大小，表中相应字段中的数据一定不会丢失

B. 改变字段的数据类型，表中相应字段中的数据可能会丢失

C. 向货币型字段输入数据时，系统会自动将其设置为4位小数

D. 对于字段值中含有小数的数字型字段，若将字段大小设置为整型，则Access将弹出出错消息

6. 关于主键，下列描述错误的是________。

A. 作为主键的字段必须有唯一值　　B. 主键可以由多个字段组成

C. 作为主键的字段可以是任何数据类型　　D. 主键用于唯一标识一个记录

7. 在数据表视图下，关于修改表中数据的叙述错误的是________。

A. 对表中数据的修改包括插入、修改、替换、复制和删除数据等

B. 将光标移到想要修改的字段处，即可输入新的数据

C. 当某一表中数据修改后，同一数据库中其他表的相关数据会自动更新

D. 在没有保存修改之前，可以按Esc键放弃对数据的修改

8. 下列有关删除查询的叙述正确的是________。

A. 删除查询只能删除主表中的信息

B. 删除查询只能删除子表中的信息

C. 删除查询执行后可以通过撤销操作进行恢复

D. 删除查询属于操作查询

9. 如果希望从数据源中查找出工资为4 000元并且职称为“讲师”并且性别为“男”的相关记录，那么在创建查询时，正确的条件表达式可以是________。

A. [工资]=4000 OR [职称]="讲师" OR [性别]="男"

B. [工资]=4000 AND [职称]="讲师" OR [性别]="男"

C. [工资]=4000 AND [职称]="讲师" AND [性别]="男"

D. [工资]=4000 OR [职称]="讲师" AND [性别]="男"

10. 下列关于SQL命令的叙述中，正确的是________。

A. DELETE命令不能与GROUP BY关键字一起使用

B. SELECT命令不能与GROUP BY关键字一起使用

C. INSERT命令与GROUP BY关键字一起使用时，可以按分组将新记录插入到表中

D. UPDATE命令与GROUP BY关键字一起使用时，可以按分组更新表中原有的记录

11. 在设计窗体时，记录源可以设置为________。

A. 查询　　B. 窗体　　C. 报表　　D. 宏

12. 若要使某个命令按钮在窗体运行时无法获得焦点，则可以将该命令按钮的________属性设置为“否”。

A. 可见　　B. 可用　　C. 默认　　D. 取消

13. 在“学生信息”报表中，如果某个文本框的“控件来源”属性为“出生日期”字段，并且格式为“长日期”，那么“2023年1月1日”在报表视图下将显示为________。

A. 2023年1月1日　　B. 2023/1/1　　C. 2023/01/01　　D. 23/1/1

14. 用于最大化当前窗口的宏操作命令是________。

A. MinimizeWindow　　B. CloseWindow

C. MaximizeWindow　　D. RestoreWindow

15. 下列表达式计算结果为数值类型的是________。

A. Date() - #2017/12/31#　　B. Date() > #2017/12/31#

C. 2017 = 2018-1　　D. #2018/1/1# - 365

16. 以下程序段执行后，变量x的值是________。

```
x = 1 : y = 0
If y <= 0 Then
    x = -x
ElseIf y = 0 Then
    x = -x
Else
    x = -x
End If
```

A. 1　　B. -1　　C. 0　　D. -x

17. 执行以下程序段后，变量y的值是________。

```
x = 5 * Rnd
y = 0
Select Case x
  Case Is < 5
     y = 1
  Case Is >= 0
     y = 2
  Case Else
```

```
        y = 3
End Select
```

A. 0　　B. 1　　C. 2　　D. 3

18. 由“For i = 5 To 1 Step -1”决定的循环结构，其循环体将被执行________。

A. 0次　　B. 1次　　C. 5次　　D. 无数次

19. 运行以下过程代码，若用户在输入框中输入了数值6.2，则变量x的值是________。

```
Private Sub p()
  Dim x As Integer
  x = InputBox("请输入任意整数")
End Sub
```

A. 6.2　　B. 6　　C. 7　　D. 0

20. 判断Recordset对象的指针是否指向记录集底部的属性是________。

A. Bof　　B. Eof　　C. End　　D. Bottom

答案：

1	2	3	4	5	6	7	8	9	10
C	D	C	C	B	C	C	D	C	A
11	12	13	14	15	16	17	18	19	20
A	B	A	C	A	B	B	C	B	B

二、基本操作题（共20分）

考生文件夹下有两个数据库Sample0.accdb和Sample1.accdb。请按以下要求在Sample1.accdb中完成相关操作：

1. 在“员工信息”表“简历”字段和“密码”字段之间添加一个名为“照片”的字段，数据类型为“OLE 对象”。

2. 在“员工信息”表中，设置“性别”字段的默认值为“男”；设置“编号”字段为主键。

3. 在“员工信息”表中，设置行高为17，加下划线；为“王国强”的简历添加内容“上网，运动，计算机软件开发”。

4. 将Sample0.accdb数据库中的“部门信息”表导入到Sample1.accdb数据库，名称不变。

5. 通过相关字段建立“员工信息”表和“部门信息”表之间的关系，同时实施参照完整性。

三、简单应用题（共25分）

考生文件夹下有一个Sample2.accdb数据库，已经设计“茶叶品种”表、“品牌”表和“销售”表。创建并运行以下查询：

1. 创建一个名为SQ1的选择查询，查找“品种名”为“白茶”的茶叶销售信息，依次显示“公司名称”、“品牌名”、“销售方式”和“本月销量”四个字段。

2. 创建一个名为SQ2的参数查询，按照输入的地区名称查询以“直播”方式销售的茶叶信息，依次显示“品牌名”、“公司名称”、“销售方式”和“本月销量”四个字段，当运行该查询时，提示框显示“请输入地区名称”。

3. 创建一个名为SQ3的交叉表查询，统计不同地区通过不同方式销售的茶叶总量信息，以“地区”为行标题，“销售方式”为列标题，交叉点的值为茶叶的本月总销量。

4. 创建一个名为SQ4的操作查询，对于销售方式为“直播”或“京东”的记录，修改其“下月销售计划”字段的值为“本月销量”的1.5倍。

5. 创建一个名为SQ5的SQL查询，查找不同品牌的茶叶本月的销售总量信息，依次显示“公司名称”、“品牌名”和“总销量”三个字段。

四、综合应用题（共20分）

考生文件夹下有一个图片文件Background.jpg和一个Sample3.accdb数据库，已经设计“加试项目选择”表、“可选项目”表、“项目选择信息”查询和“项目选择汇总”报表。请按以下要求完成相关操作：

1. 在“项目选择汇总”报表中，将报表记录按照“性别”字段进行分组，同时将主体节中的“性别”文本框移动到相应组页眉中；在报表页眉节中，添加一个标签对象，设置标题为“体育加试项目选择汇总结果”，字号为16，字体名称为“隶书”，特殊效果为“蚀刻”，宽度为8 cm。

2. 创建一个名为Micro的宏，功能为打开“项目选择信息”查询，同时弹出一个消息框，消息文本为“查询数据已经打开”。

3. 创建一个名为“体育加试管理系统”的空白窗体，隐藏记录选择器和导航按钮，设置边框样式为“对话框边框”，背景图片为Background.jpg，缩放模式为“拉伸”。

4. 在“体育加试管理系统”窗体主体节中，添加一个名为Cmb的组合框，数值来源于“可选项目”表中的“项目名称”字段，默认值为“立定跳远”；再添加一个名为Cmd的命令按钮，标题为“查看数据”，单击事件为运行Micro宏。

五、编程题（共15分）

考生文件夹下有一个Sample4.accdb数据库，已经设计“大赛评分”窗体，其效果如下图所示。

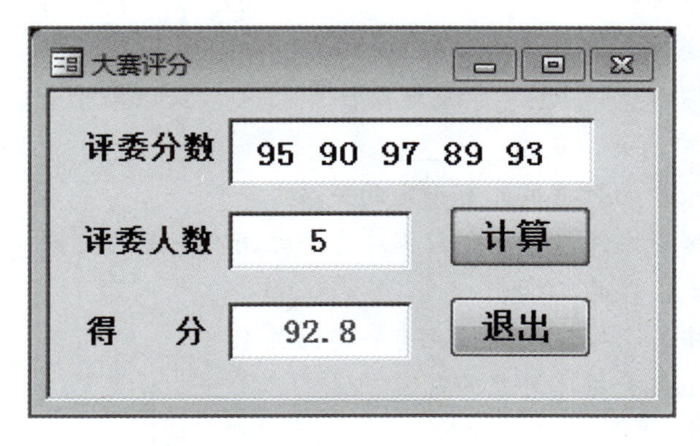

请按以下要求设计相关程序：

1. 单击"计算"按钮，使用InputBox函数输入所有评委的分数（0到100之间），并依次显示在文本框Text1中，当输入分数无效时（不在0到100之间）打分结束，然后计算评委人数和选手得分（得分是所有评委打分的平均值），并将结果显示在对应文本框中。

2. 单击"退出"按钮，关闭"大赛评分"窗体。

相关事件参考代码如下：

```
Option Explicit
Private Sub Command1_Click()
  Dim x As Integer, avg As Double, n As Integer
  Text1 =" "
  x= InputBox("请输入一个评委分数:")
  Do While x>=0 And x<= 100
    Text1= Text1 & " " & x
    avg=avg +x
    n=n+1
    x= InputBox("请输入一个评委分数:")
  Loop
  Text2= n
  Text4= avg /n
End Sub
Private Sub Command2_Click()
  DoCmd.Close
End Sub
```

模拟题及部分参考答案6

一、单项选择题（每题1分，共20分）

1. 在数据管理技术发展的三个阶段中，数据共享最好的是________。

   A. 文件系统阶段　　B. 人工管理阶段

   C. 数据库系统阶段　　D. 三个阶段相同

2. 下列实体联系中，属于多对多联系的是________。

   A. 学生与课程　　B. 学校与校长　　C. 父亲与子女　　D. 职工与工资

3. 关系数据库中的关系是指________。

   A. 各条记录中的数据彼此有一定的关系

   B. 一个数据库文件与另一个数据库文件之间有一定的关系

   C. 满足一定条件的二维表

   D. 数据库中各个字段之间彼此有一定的关系

4. 下列属于Access数据库对象的是________。

   A. 查询　　B. 文件　　C. 数据　　D. 记录

5. 以下数据类型中，与货币型数据所占的存储空间相同的是________。

A. 逻辑型　　B. 自动编号型　　C. 日期/时间型　　D. 备注型

6. 若将文本型字段的输入掩码设置为“####-######”，则正确的输入数据是________。

A. 0431-123456　　B. 0755-abcdef　　C. acd-123456　　D. ####-######

7. 下列不属于编辑表内容的操作是________。

A. 定位记录　　B. 选择记录

C. 复制字段中的数据　　D. 添加字段

8. 下列有关更新查询的叙述，正确的是________。

A. 更新查询可以更改符合条件记录的字段值

B. 更新查询可以更改任何字段的值

C. 更新查询不可以更改字段的空值

D. 更新查询只能包含一个数据源

9. 查询15天前的记录，可以在查询设计器对应字段的条件行中输入________。

A. <Date()-15　　B. Date()-15　　C. >Date()-15　　D. <Date()

10. SQL查询语句“DELETE FROM Student WHERE 成绩<60 AND 学分>2”的功能是________。

A. 删除Student表中成绩小于60或者学分大于2的记录

B. 删除Student表中的记录，但是保留成绩小于60并且学分大于2的记录

C. 删除Student表中成绩小于60并且学分大于2的记录

D. 删除Student表中的记录，但是保留成绩小于60或者学分大于2的记录

11. 用于查看和测试窗体运行效果的视图是________。

A. 设计视图　　B. 数据表视图　　C. 布局视图　　D. 窗体视图

12. 以下选项中，不属于命令按钮控件具有的属性是________。

A. 宽度　　B. 高度　　C. 控件来源　　D. 前景色

13. 若希望在“学生信息”报表页脚节中显示“出生日期最晚”的学生信息，则应使用________函数。

A. Min　　B. Max　　C. Count　　D. Avg

14. 宏操作命令________的功能是终止当前正在运行的宏。

A. StopMarco　　B. StopAllMacros　　C. RunMacro　　D. SetProperty

15. 下列各项中，当语句执行后，变量a和b一定得到相同值的是________。

A. a=b : b=c : c=a　　B. a=c : b=c : c=a

C. c=a : a=b : b=c　　D. 以上答案都不对

16. 执行以下程序段后，变量x和变量y的值分别是________。

```
x = 3 : y = 2 : t = 1
If x > y Then x = t : x = y : y = t
```

A. 3,2　　B. 2,3　　C. 1,1　　D. 2,1

17. 执行以下程序段后，变量x的值是________。

```
x = "1234"
ch = Right(x,2)
Select Case ch
  Case "12"
     x = 1
  Case "23"
     x = 2
  Case "34"
     x = 3
End Select
```

A. “ABC”　　B. 1　　C. 2　　D. 3

18. 以下程序段执行后，变量x的值是________。

```
x = "abcdef"
For i = 5 To 1 Step -3
  x = Right(x, i)
Next i
```

A. bcdef　　B. abcde　　C. ef　　D. ab

19. 运行以下过程代码，若用户在输入框中输入了数值2.4，则消息框中显示的内容是________。

```
Private Sub p()
  x = Int(InputBox(" 请输入任意整数 "))
  MsgBox x
End Sub
```

A. 0　　B. 2　　C. 2.4　　D. 3

20. 在Access中，ADO的含义是________。

A. 开放式数据库互连　　B. 数据库访问对象

C. ActiveX数据对象　　D. 数据库动态链接库

答案：

1	2	3	4	5	6	7	8	9	10
C	A	C	A	C	A	D	A	A	C
11	12	13	14	15	16	17	18	19	20
D	C	B	A	B	D	D	C	B	C

二、基本操作题（共20分）

考生文件夹下有一个Sample1.accdb数据库。请按以下要求完成相关操作：

1. 在“举办信息”表中，将“举办背景”字段的数据类型修改为“备注”；设置“队数”字段验证规则为0到32之间（含0和32），验证文本为“请输入0到32之间的整数！”。

2. 在“举办信息”表中，设置行高为16，字号为12；为21“届次”的“举办背景”

添加内容“世界杯首次在俄罗斯举行，亦是世界杯首次在东欧国家举行”。

3. 在“举办信息”表中，按“队数”字段建立普通索引，索引名为idx_num，排序次序为降序。

4. 将“举办信息”表导出到考生文件夹中，并命名为“举办信息.xlsx”。

5. 通过相关字段建立“举办信息”表与“参赛成绩”表之间的关系，同时实施参照完整性并实现级联删除相关字段。

三、简单应用题（共25分）

考生文件夹下有一个Sample2.accdb数据库，已经设计“员工信息”表和“报销明细”表。创建并运行以下查询：

1. 创建一个名为SQ1的选择查询，查找2023年员工出差报销的信息，依次显示“部门”、“姓名”、“出差日期”和“差旅费金额”四个字段，并按“差旅费金额”字段降序排序。

2. 创建一个名为SQ2的参数查询，按照输入的姓名查找该员工出差报销的差旅费总金额，依次显示“姓名”和“差旅费报销总金额”两个字段，当运行查询时，提示框显示“请输入员工姓名”。

3. 创建一个名为SQ3的交叉表查询，统计各部门员工在不同年份的出差报销信息，行标题为“部门”，列标题为“出差年份”，交叉点的值为出差报销的次数。（提示：“出差年份”字段的值由Year函数获取）

4. 创建一个名为SQ4的更新查询，将“报销明细”表中“出差地点”字段值的前两位显示到“省市”字段中。

5. 创建一个名为SQ5的SQL查询，查找“销售部”员工的报销信息，依次显示“部门”、“姓名”、“出差日期”、“省市”和“差旅费金额”五个字段。

四、综合应用题（共20分）

考生文件夹下有一个图片文件Background.jpg和一个Sample3.accdb数据库，已经设计“考勤记录”表、“学生信息”表和“考勤管理系统”窗体。请按以下要求完成相关操作：

1. 以“学生信息”表和“考勤记录”表为数据源，利用向导创建一个名为“考勤结果汇总”的报表，依次输出“学号”、“姓名”、“上课日期”、“上课节次”和“考勤情况”五个字段信息，查看数据的方式为“通过学生信息”，按照“上课日期”字段降序排序。

2. 创建一个名为Micro的宏，功能为“退出Access应用程序”，同时弹出一个消息框，消息文本为“欢迎下次使用考勤管理系统”。

3. 在“考勤管理系统”窗体页眉节中，添加一个名为BQ的标签，设置标题为“红星中学考勤管理系统”，字号为18，字体名称为“微软雅黑”，文本对齐方式为“分散”，宽度为8 cm，相对于窗体左边界的水平距离为1.5 cm。

4. 在“考勤管理系统”窗体中，隐藏记录选择器，设置窗体的背景图片为Background.jpg；在窗体主体节中，将“性别”组合框更改为“文本框”，设置“上课日期”文本框的格式为“短日期”，“考勤情况”文本框的控件来源为“考勤情况”字段，“退出”命令按钮的单击事件为运行Micro宏。

五、编程题（共15分）

考生文件夹下有一个Sample4.accdb数据库，请按以下要求编写通用过程代码。

1. 新建一个标准模块，命名为MODEL1。

2. 在模块MODEL1中新建通用子过程PROC1，其功能是输入若干个月份，将其转换成季节，直到输入的月份不在1到12之间。月份通过输入对话框（InputBox）输入实现，计算结果用消息框（MsgBox）显示。

该过程一次输入的运行效果如下图所示。

说明：月份与季节对应关系：2、3、4月为春季；5、6、7月为夏季；8、9、10月为秋季；11、12和1月为冬季。

相关过程参考代码如下：

```
Option Explicit
Sub proc1()
    Dim m As Integer
    m= Val(InputBox("请输入月份:")
    Do While m>0 And m<= 12
      Select Case m
        Case 2 To 4
          MsgBox m &"月是春季！"
        Case 5 To 7
          MsgBox m &"月是夏季！"
        Case 8 To 10
          MsgBox m &"月是秋季！"
        Case Else
          MsgBox m&"月是冬季！"
      End Select
    m= Val(InputBox("请输入月份:"))
    Loop
End Sub
```